《读者》人文科普文库·"有趣的科学"丛书

ZHIWU YESHUO QIAOQIAOHUA

植物也说悄悄话

《读者》（校园版）编

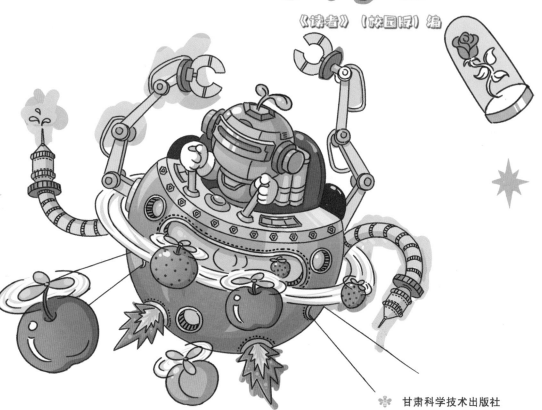

甘肃科学技术出版社

图书在版编目（ＣＩＰ）数据

　　植物也说悄悄话/《读者》（校园版）编 . -- 兰州：
甘肃科学技术出版社, 2020.11
　　ISBN 978-7-5424-2615-4

　　Ⅰ. ①植… Ⅱ. ①读… Ⅲ. ①植物－少儿读物 Ⅳ.
① Q94-49

　　中国版本图书馆 CIP 数据核字(2020)第 226751 号

植物也说悄悄话

《读者》（校园版）　编

出 版 人　刘永升
总 策 划　马永强　富康年
项目统筹　李树军　宁　恢
项目策划　赵　鹏　潘　萍　宋学娟　陈天竺
项目执行　韩　波　温　彬　周广挥　马婧怡

项目团队　星图说
责任编辑　赵　鹏
封面设计　陈妮娜
封面绘画　蓝灯动漫

出　　版　甘肃科学技术出版社
社　　址　兰州市读者大道 568 号　　730030
网　　址　www.gskejipress.com
电　　话　0931-8125103（编辑部）　0931-8773237（发行部）
京东官方旗舰店　https://mall.jd.com/index-655807.html

发　　行　甘肃科学技术出版社　　印　刷　唐山楠萍印务有限公司
开　　本　787 毫米 ×1092 毫米　1/16　印 张　13　插 页 2　字 数　170 千
版　　次　2021 年 1 月第 1 版
印　　次　2021 年 1 月第 1 次印刷
印　　数　1~10 000 册
书　　号　ISBN 978-7-5424-2615-4　定　价：48.00 元

前　言

　　面对充斥于信息宇宙中那些浩如烟海的繁杂资料，对于孜孜不倦地为孩子们提供优秀文化产品的我们来说，将如何选取最有效的读物给孩子们呢？

　　我们想到，给孩子的读物，务必优中选优、精而又精，但破解这一难题的第一要素，其实是怎么能让孩子们有兴趣去读书，我们准备拿什么给孩子们读——即"读什么"。下一步需要考虑的方为"怎么读"的问题。

　　很多时候，我们都在讲，读书能让读者树立正确的科学观，增强创新能力，激发读者关注人类社会发展的重大问题，培养创新思维，学会站在巨人的肩膀上做巨人，产生钻研科学的浓厚兴趣。

　　既然科学技术是推动人类进步的第一生产力，那么，对于千千万万的孩子来说，正在处于中小学这个阶段，他们的好奇心、想象力和观察力一定是最活跃、最积极也最容易产生巨大效果的。

　　著名科学家爱因斯坦曾说："想象力比知识本身更加重要。"这句话一针见血地指出教育的要义之一其实就是培养孩子的想象力。

　　于是，我们想到了编选一套"给孩子的"科普作品。我们与读者杂志社旗下《读者》（校园版）精诚合作，从近几年编辑出版的杂志中精心遴选，将最有价值、最有趣和最能代表当下科技发展及研究、开发创造趋势的科普类文章重新汇编结集——是为"《读者》人文科普文库·有趣的科学丛书"。

这套丛书涉及题材广泛，文章轻松耐读，有些选自科学史中的轶事，读来令人开阔视野；有些以一些智慧小故事作为例子来类比揭示深刻的道理，读来深入浅出；有些则是开宗明义，直接向读者普及当前科技发展中的热点，读来对原本知之皮毛的事物更觉形象明晰。总之，这是一套小百科全书式的科普读物，充分展示了科普的力量就在于，用相对浅显易懂的表达，揭示核心概念，展现精华思想，例示各类应用，达到寓教于"轻车上阵"的特殊作用，使翻开这套书的孩子不必感觉枯燥乏味，最终达到"润物无声"般的知识传承。

英国哲学家弗朗西斯·培根在《论美德》这篇文章中讲："美德就如同华贵的宝石，在朴素的衬托下最显华丽。"我们编选这套丛书的初衷，即是想做到将平日里常常给人一种深奥和复杂感觉的"科学"，还原它最简单而直接的本质。如此，我们的这套"给孩子的"科普作品，就一定会是家长、老师和学校第一时间愿意推荐给孩子的"必读科普读物"了。

伟大的科学家和发明家富兰克林曾以下面这句话自勉并勉励他人："我们在享受着他人的发明给我们带来的巨大益处，我们也必须乐于用自己的发明去为他人服务。"

作为出版者，我们乐于奉献给大家最好的精神文化产品，当然，作品推出后也热忱欢迎各界读者，特别是广大青少年朋友的批评指正，以期使这套丛书杜绝谬误，不断推陈出新，给予编者和读者更大、更多的收获。

丛书编委会

2020 年 12 月

目　录

大自然的奖赏

李忠东

在大多数13岁的孩子把空闲时间花在玩网络游戏或浏览娱乐网站时，德威尔却以自己独特的设计，赢得了2011年美国自然历史博物馆颁发的"青年自然科学家奖"。

2010年冬天，一名13岁的美国纽约初中男孩艾登·德威尔，冒着严寒到卡茨基尔山徒步旅行时，对橡树的树枝、树叶的排列方式产生了浓厚的兴趣，并发现树枝杈的布局也可以用"斐波那契数列"解释，从而发明了一种树状太阳能电池板排布新方法，使太阳能的利用效率大大提高，他也因此获得2011年度"青年自然科学家奖"。

何为"斐波那契数列"

所谓"斐波那契数列"，是意大利数学家列昂纳多·斐波那契发现的。

斐波那契数列指的是这样一个数列：1、1、2、3、5、8、13、21……这个数列从第 3 项开始，每一项都等于前两项之和，即 $1＋?＝2, 2＋?＝3, 3＋?＝5, 5＋?＝8, 8＋?＝13, 13＋?＝21, 21＋?＝34$……在这个数列中，任何一个数字与后一个数字的比都接近 0.618，而且越往后，就越接近。这就是著名的"斐波那契数列"，而 0.618 这个神奇的数字，则被称为"黄金比率"，古希腊美学家柏拉图将其誉为"黄金分割率"。

　　"黄金比率"与大自然结下了不解之缘，植物和动物都和它有着惊人的联系。在树木、绿叶、红花、硕果中，都能遇到"黄金比率"。

树木也懂黄金分割

　　德威尔通过自己设计的圆柱双量角器测量，惊讶地发现许多植物的叶片、枝杈或花瓣都有这样一个有趣的现象：它们用黄金分割率 0.618 来划分 360° 的圆周，所得两个角度约等于 222.5° 和 137.5°，任意两个相邻的叶片、枝杈或花瓣都沿着这两个角的两条边的方向伸展，因此，尽管它们不断轮生，却互不重叠，确保了光合作用面积最大化。像车前草、蓟草、一些蔬菜的叶子、玫瑰花瓣等，以茎为中心，绕着它螺旋型地盘旋生长，两叶间的弧度为 137.5°。按照这种排列模式，叶子可以占有最多的空间，获取最多的阳光，承受最多的雨水。

　　德威尔从中深受启发，认为树枝杈的布局一定与光合作用的效率有关。为了探求其中的原理，验证"斐波那契数列"是否能派上用场，他开动脑筋，设计了一项颇有创意的实验。

　　德威尔首先用自己设计的圆柱双量角器工具，确定橡树树枝和树叶构成的螺旋轨迹与树干之间的相对关系，在让计算机程序复制这种模式的基础上，用 PVC 管建造了一棵按"斐波那契数列"排列的橡树形太阳能电池树；

随后建起一个常用的平板模式排列的太阳能光伏电池板，以 45° 角安装在屋顶。为了观察和比较按橡树分叉排列的太阳能电池板，与传统的屋顶太阳能电池板阵列捕获阳光能力的差异，德威尔还分别给两个装置接上了监视电压的数据记录器。结果显示，太阳能电池树更胜一筹。

实验与研究结果显示，与传统的平板模式排列的太阳能光伏电池板相比，按"斐波那契数列"排列的橡树形太阳能电池树的表现更优秀，不需要做任何的偏角调整，每天的有效光照时间延长了 2.5 小时，产生的电力多了 20%。特别是在 12 月份，太阳处在天空中的最低点的冬季，无论是收集太阳光的时间还是产生的电力，太阳能电池树都要比太阳能光伏电池板高出 50%。

德威尔解释说，由于树枝按"斐波那契模式"分布，用"黄金分割率"调整了光伏电池特定的间隔和高度，因此，使得部分分支在收集阳光时，不会阻挡太阳光射到其他的分支。因为光伏电池不是用平板模式排列，形状很像一棵树，所以更加好看。更重要的是，这种树形结构比平板模式更节省空间，也不必完全朝南，更适合在城市使用，因为在拥挤的城市中很难找到大的空间和直射的阳光。

这项研究获得了美国的临时专利，引起极大反响。德威尔的研究结果之所以令人印象深刻，在于他模拟树木分支，科学排列太阳能电池，大大地提高了太阳能的利用效率。

德威尔对大自然的欣赏和敬仰得到了大家的认可，实属难能可贵。这更是技术领域一种罕见的发现，也是仿生学可以极大改善设计的精彩例子。

《诗经》中的植物

朱秀坤

参差荇菜

　　《诗经》开篇第一首，就是一幅荇菜采收图，为我们描摹了恬静和谐的田园风光,足见古人对荇菜的厚爱。"参差荇菜,左右流之……参差荇菜,左右采之……参差荇菜,左右芼之",反复吟咏,竟不感到枯燥。

　　荇菜，我儿时是见过的，就在门前清澈的河沟里，如一只只绿碟子漂在水面上，身姿轻盈。整个水面铺排的全是玲珑可爱的绿碟子，叶与叶之间，零星地开着淡黄的小花：五瓣，仰起小小的脑袋，调皮地四处张望，望湛蓝的天，望河水的红蜻蜓，还是望那叶间浮游的黑水鸡？附近还有披了雪白蓑衣的长腿鹭鸶，一扇翅膀，飞远了。只有同样翠绿的小青蛙，自由自在地从这只绿碟，跳到那只绿碟，它们当它是盘美味的菜吧，它又"扑通"一声入水，与那些悠然自得的鱼儿捉迷藏去了。

那时，门前的小河就是这般清幽美丽，荷梗白玉香，荇菜青丝脆，几只绿头鸭在那里嘎嘎欢叫，清丽而质朴的乡间风情永远让人流连。

却不知荇菜竟是上古美食，吾乡从未见人吃过，顶多捞了喂猪、肥田罢了。其实在稻田里一样可以看到荇菜的小绿碟，乡贤郑板桥写道："一塘蒲过一塘莲，荇叶菱丝满稻田。"绿意盎然的水稻田里，荇叶下面轻轻一拽，就是牵牵绊绊的藤蔓，和菱丝一样柔韧，扯断了一段又是一段，没完没了似的，却有一股怡人的清芬在风中飘扬，能将人的心肺都染绿。

只是，长大后，离开故土，一去几千里，乡愁似酒的夜晚，有时也会想到门前满河的荇菜和河边洗衣的母亲。感觉月下的荇菜，镀了如银的月光，在粼粼清波中一定更美……

再回家乡时，"锦鳞跃水出浮萍，荇草牵风翠带横"的小河，已漂满垃圾，长满杂草，一片腥臭。连一只绿碟似的荇菜叶也见不着了，这才明白，荇菜是最爱洁净的。

最古老的一部《诗经》中，有多少古老清香的植物是这般消失的啊。

今日重读《板桥家书》，板桥先生深情回忆儿时苦难生活："可怜我东门人，取鱼捞虾，撑船结网，破屋中吃秕糠，啜麦粥，搴取荇叶、蕰头、蒋角煮之，旁贴荞麦锅饼，便是美食，幼儿女争吵。每一念及，真含泪欲落也。"能让一枝一叶总关情的七品县令落泪的荇菜，想来并不如书中解释的那样，是什么美食吧。

如今想尝一尝，也不能够了，哪里还能见到那般诗意而美丽的"参差荇菜"啊?

采采卷耳

"采采卷耳，不盈顷筐。嗟我怀人，置彼周行"，古奥清香的《诗经》连同那许多葳蕤草木，穿过岁月的长河，情感充沛地一直流淌到了2500多年后的今天。透过文字，采摘卷耳，望穿秋水的人，仿佛还在原野上凝望，内心俱是思念惆怅。

卷耳，就是苍耳子，在吾乡俗称"万把钩"，我儿时常悄悄摘来，偷偷放在小伙伴的头发里，这下可好，头发一下就被钩住了，甩也甩不脱，捋也捋不掉，心里一急，嘴上便脆生生地骂了出来，有时还会有要好的姐妹帮忙，糯米牙一咬，这就更加热闹了，一个骂得快，一个骂得慢，两个小丫头，一个麻花辫，一个蘑菇头，说相声似的，不觉得恶毒，反感到有趣。被骂的人都觉得好听，却乖乖地待在那里不敢承认。乡下的小姑娘谁不会骂人呢，但骂归骂，撒撒气，吐吐心里的委屈罢了，那"万把钩"还是要扯下来的，长长的秀发都要带下一小缕，总得别人帮忙才可顺利取下。

苍耳的别名极多，因为与其形似的就有"痴头婆""道人头"，还有"野落苏"因其叶类似茄子而来，"落苏"就是茄子。以意命名更有意思，叫"羊负来"，想想，那牛羊身上粘上了浑身是刺的苍耳子，是够难受的。"常思"大概也是从《诗经》里得到的灵感吧。如此多的有趣名称，正说明了苍耳在中国分布之广。

在乡村，阔叶利刺的苍耳并无人在意，荒野路边就有，猪羊厌弃，牛马不食——敢吗？更未见过有人去采摘，在我们眼里，它最大的作用就是当作孩子恶作剧的玩具。但它依然固执地长于路边道旁，全凭它那坚利的"万把钩"，钩住谁，将它带到哪儿，就在哪里扎根发芽，繁衍生息，即便没人待见，它亦有独特而强悍的生存之道。

但你可知，苍耳子是一味辛温解表的草药，全株泡茶喝，能治疗中耳炎。尤其对鼻炎有一定疗效，小枣核似的苍耳子，炒熟，浸泡于香油中，数日后，以棉签沾上，滴鼻，马上就能通窍解塞，长期坚持有明显疗效。后者是我在《健康之路》中看到的，应该不假。大诗人杜甫也说"卷耳况疗风，童儿且时摘"，原来苍耳还有祛散风湿的作用。这小刺猬样的苍耳子，还有扶伤医病之仁心，真令人刮目相看了。

南山有台

莎草，在乡间俗称"三棱草"，最是河滩浅水处常见的一种两栖野草，娇嫩柔韧，修长直立，有点似韭菜的叶片，挺起一根三棱形的草茎也像韭苔，苔顶上又生叶，叶间生细茎，茎上开简洁的褐色序状小花。就这鲜嫩的野草，雨后草尖上滴着泠泠水珠，望去却也玲珑可爱。更可爱的是，水才没到脚脖子，根根挺立的莎草间，欢快嬉戏的小鱼小虾，尾巴一摆，调皮地转个向，很轻快地就游远了，简直可以听到它们开心的笑声，它们将莎草当成了小树林，在捉迷藏吧。调皮的青蛙也在其间鼓噪，一只娴雅白鹭在草丛逡巡，一头扎下，长喙便迅速叼起一尾小鲫鱼，翅膀一拍，飞到了岸上嫩绿的茵茵秧田里。

秧田里也有三棱草，与秧苗一般高，还有稗子，更与秧苗神似，扎根亦深，得用力拔出来，甩到田埂上。即使这样它仍能扎根生长，野生植物的顽强生命力实在是令人惊叹。不过稗子也并非一无是处，籽实搓下来，可以酿极好的稗子酒，还可将穗子摘下，扎小笤帚，刷床铺。

小时候，我们常在河滩上摸鱼捉蟹、放牛牧鸭的，对这莎草实在太熟悉了，无聊时掐一片嫩叶，能闻到一股好闻的草香，拔起来，则是两三厘米长的小纺锤似的根。在我们眼里，这三棱草也就是喂牛的草料罢了，常常忽略了它。

其实莎草最早出现在《诗经》中，并不让人伤感惆怅，那是一首轻松快乐的祝寿诗："南山有台，北山有莱。乐只君子，邦家之基。乐只君子，万寿无期……""台"通"苔"，即莎草；莱，意为藜蒿，其嫩叶可食。

想不到，如此貌不惊人的平常野草，竟能入得古奥芬芳的《诗经》，至今摇曳在绿意葳蕤的源头。

莎草，又是一味药，全名"莎草香附子"，就是那雷公头似的草根了，燎去毛须，沸水中或煮或蒸，或直接晒干，切片或碾碎便是，味微苦，有一股特别的芳香。

那天，移步水湄，看荷花含苞，蒲苇竞秀，浅水间根根直立的三棱草那般鲜碧可爱，一只黑水鸡从草间倏然穿过——面对如此清幽小景，真的想附庸风雅如古人一般，吟几句"踏莎行"呢！

·摘自《读者》（校园版）2016 年第 2 期·

爱吃肉的植物

蕣　然

　　植物是自养生物，它们能够利用太阳光进行光合作用，将无机物转化成碳水化合物，获得生长发育必需的养分。这些生长要素并不难获取，所以植物能在非常严苛的条件下存活。不过，有一些植物竟然发展出了吃肉的习惯，这些植物就是肉食植物。

　　目前，全世界已知的肉食植物有 600 种以上。它们的食谱上，既有小昆虫，也有像老鼠这样体形较大的动物。它们一旦诱捕到猎物，就会分泌恐怖的消化液，将猎物慢慢溶解掉，比起其他素食植物，手段异常残忍。那么，为什么肉食植物有这么诡异的爱好呢？

吃荤也是迫不得已

大多数肉食植物生活在高光、多水的沼泽环境中。由于湿地的水会很快将土壤里的养分带走，土壤里氮和磷的含量极低，而氮又是植物合成蛋白质与 DNA 的主要成分之一，在这种环境中，很少有植物能够生存下来。面对这样的绝境，植物不得不另谋生路——吃掉有营养的动物，获得氮、钾、钙、磷等生存必需的矿物质。

研究者推测，最初，肉食植物的祖先也是"素食主义者"。拿现在的肉食植物大家族——耐盐类肉食植物来说，刚开始，这类植物只是为了适应含盐量过高的生长环境，会用特殊的腺体将土壤中吸收的盐分经叶子排出，而这种盐分恰巧可以杀死周围的昆虫，昆虫尸体成了供应土壤或者植物本身的天然肥料。

猪笼草就是如此。猪笼草是一种能够捕食昆虫的多年生草本植物，所有种类的猪笼草看起来都很相似：有形状像猪笼的捕虫笼，捕虫笼内表面为蜡质区，十分光滑，昆虫掉进去后很难再爬出来。

研究者曾对澳大利亚的土瓶草、北美东海岸的猪笼草和亚洲的翼状猪笼草进行研究，结果表明，虽然这三大种类的猪笼草分别与阳桃、猕猴桃和荞麦有更近的关系，但它们进化出了相同的食肉方式。最初，这些猪笼草的蛋白质是用来抵御疾病的。但是，为了应对落入陷阱里的昆虫，这些在不同地理环境中的猪笼草，都成功地将蛋白质改进成可以帮助消化"肉食"的酶。这些酶包括用于分解昆虫的几丁质酶，以及帮助它们从猎物中吸收磷的紫色酸性磷酸酶。

吃荤的巨大代价

虽然肉食植物进化出了"吃荤"的本领，让自己能够更好地存活下来，但它们付出的代价也是巨大的。随着投入更多的能量到食肉性的适应过程中，比如将叶子设计成能诱骗、消化猎物的陷阱，它们用于光合作用的叶子就会减少，导致无法高效地进行光合作用。因此，大多数肉食植物生长缓慢，体形不大，即使能通过食用昆虫的方式来"改善伙食"，氮的摄入量仍然有限。所以，你永远也不会遇到一种巨大的肉食植物，也不用害怕自然界是否有能大到吃人的肉食植物。

另外一个会让肉食植物非常烦恼的问题是如何繁殖。像许多植物一样，肉食植物的繁殖器官也是花，种子是其下一代。大多数花也分为雌蕊和雄蕊，需要昆虫授粉，使得精细胞和卵细胞结合，这就产生了一个很尴尬的冲突：一方面，肉食植物需要吃掉昆虫补充营养；另一方面，它们又需要昆虫授粉繁殖。例如，一种来自西班牙的肉食植物捕虫就遇上了这样的麻烦。一般如果它的花朵有许多传粉者传粉，就会结出更多的种子，然而由于捕食陷阱离花朵非常近，无意之中，它也吃掉了不少传粉者，使得繁殖能力大大降低。

吃荤 or 吃素，环境说了算

"吃荤"的问题很多，所以，跟寄生植物和腐生植物不大一样，目前所发现的肉食植物，没有哪一种完全放弃了能够自养的光合作用。而且在条件允许的情况下，一些肉食植物还会变成非肉食植物。

以瓶子草为例，这种北美的肉食植物通常生长在经年潮湿的地方，它们进化出了漏斗状的叶子作为捕虫瓶，利用蜜腺所分泌的蜜汁吸引昆虫。同时，捕虫瓶上部经阳光照射后如彩绘玻璃般绚丽，可以诱使昆虫前往，捕虫手段非常高超。

不过，这种典型的食虫植物的捕虫瓶，却在秋末开始枯萎，长出不具捕虫功能的剑形叶，开始了一段很长时间的素食期。这又是为什么呢？

这是由于冬季天气转冷，光照水平低于夏天，同时，冬天的昆虫也在减少，此时把能量用于生长捕虫瓶很不划算，所以瓶子草长出了剑形叶，扩大了光合作用的叶子面积，这样可以更好地利用光照。另外一些肉食植物也会采取相同的策略，当栖息地土壤里的营养成分增多，或者是光照太少，它们会尽可能地减少猎捕行为。

看来，肉食植物并不恐怖，它们这一生存方式，也只不过是出于环境压力才进化出来的。

· 摘自《读者》（校园版）2017 年第 20 期 ·

柠檬与诺贝尔奖的缘分

崔岱远

不是所有的水果都可以直接吃，比方说柠檬。

黄灿灿的柠檬看上去漂亮，闻起来清香，可若是掰开咬上一口，保准酸得你灵魂出窍，满地找牙。又酸又苦的柠檬，怎么能和香甜的樱桃或是水蜜桃相比？于是在美国俚语中，柠檬成了"残次品"的代名词，可以用来比喻状况不佳的二手车或问题百出的瑕疵车。1970年，有一位学者以此为题专门发表了一篇论文，叫《柠檬市场：质量的不确定性和市场机制》，详细分析了不对称信息论对市场运作的影响。这篇文章影响深远，不仅使"柠檬"成为经济学中一个著名的隐喻，还在美国催生了保护消费者权益的《柠檬法》。该论文的作者也因提出了"柠檬原理"而获得了2001年的诺贝尔经济学奖，他就是当代主流经济学最杰出的代表人物之一——乔治·阿克尔洛夫。现在，几乎在所有的微观经济学课本里，都可以看到应用这一经典原理的各种论述，让原本略显枯燥的教科书仿佛洋溢着水果的芬芳。

水果中能享此殊荣的，或许唯有柠檬。

据说柠檬起源于亚洲，有人说是印度，有人说是缅甸，也有人说是中国。然而柠檬在中国的使用量并不大，反倒是在遥远的欧洲备受青睐。当然，欧洲人也没有直接吃柠檬的能耐，他们是把柠檬榨出汁来作为烹饪时的调料，烤鱼、烤肉时滴上几滴柠檬汁，去腥提鲜，顿成美味。记得有一回我跟一位画家去法国南部，特意驱车几个小时到尼斯海边吃生蚝，那种吃法真有点像小说《我的叔叔于勒》里所描写的，拿小刀撬开，用一块方餐巾托着，淋上柠檬汁，头稍向前探，然后嘴很快地微微一动，就把汁水吸进去。那滋味咸鲜酸甘，妙不可言。

柠檬水成为流行饮料，得益于18世纪中叶英国医生詹姆士·林德的研究。他在对当时饱受坏血病（维生素C缺乏症）折磨的远航水手进行治疗时发现，饮用柠檬水的疗效要远远超过食用其他食品或服用药物。基于这一研究成果，若干年后英国海军规定，水兵远航期间每天要饮用一定量的柠檬水。没过多久，坏血病在海军中绝迹了。从此，水兵和水手也得了一个鲜亮的雅号——"柠檬人"。不过那时人们还不知道，酸苦的柠檬汁具有神奇功效的秘密是其中含有大量的维生素C。直到20世纪初，匈牙利生理学家阿尔伯特·森特·哲尔吉才从生物中分离出维生素C，并证明这就是坏血病的克星，他也因此获得了1937年的诺贝尔生理学或医学奖。

不是所有的水果都和诺贝尔奖有这样的缘分。

切一片带皮的柠檬，浸在杯中的白开水里。不要用勺子挤压，那样会使水变浑。就那么慢慢地泡，慢慢地等。等上大半天工夫，柠檬皮肉间的酸苦消融在无味的清水中，水变得芳香，喝起来淡淡回甘。这多像是平淡的生活，融进一片酸苦，等上很久很久，自然也就有了些别样的味道。

·摘自《读者》（校园版）2015 年第 1 期·

和自然重归于好

温雅琼

中国"和生课"

北京四海孔子书院是一家私塾式的学校，书院学生为 4 岁 ~13 岁少年儿童。过去的 3 年里，书院一直与公益环保机构瀚海沙教育和文化工作室（简称瀚海沙）合作，为学生开设"自然有机农耕体验"的课程，又称为"和生课"。

这门课程作为必修课列入学生的课表，每周一节，每节课的课时长达一个下午。

课程的内容之一是"二十四节气"：老师带领孩子们观察不同节气的物候变化，让他们用画笔、相机把自己的观察记录下来；几个孩子分成一组，负责一小块地，在里面种庄稼，翻土、播种、浇水、施肥、收获，整个过程由孩子们亲自完成。在不同的节气中，老师为他们讲授不同的民俗知识和耕作方面的注意事项。

因此，"和生课"是要持续整个学年的。

"其实这里面就藏了天人合一的道理。在这里，'天'就是自然规律的意思。不过我们不把这些道理强加给孩子，因为对他们来说，这只是几个字而已。但是因为小时候有这些好玩的经历，道理会随着他们长大而慢慢沉淀。至于什么时候能用上，什么时候道理能蹦出来，都是不确定的。"瀚海沙的工作者说。

因为这堂课，有些平时沉默的孩子也不再那么不受欢迎了——这是瀚海沙的工作者在教学中的意外发现。

"那一次，我让孩子们分成几个小组观察小麦的叶子，回来之后，每个人都要和大家分享自己看到的东西。轮了好几圈之后，每个人都发言了，然后大家发现，自己一个人看到的东西都是有缺失的，虽然有些孩子平时沉默寡言，但是他看到了别人没有看到的东西。由此，孩子们会改变对他的印象，不会再像以前那样不喜欢和他说话。"

美国"鳟鱼项目"

在美国纽约州有一个"鳟鱼项目"。每年 10 月份，参与项目的 18 所学校都会收到纽约州环境保护局送来的几百个棕色鳟鱼受精卵，学生们将这些受精卵放在事先设计好的水槽中，观察鳟鱼的生长过程。到了来年春天，孩子们会坐车到北部的河流将其放生。

一名参与该项目的女孩说："这里没有任何有毒废弃物，这是我见过的第一个水库，这里好漂亮，好干净。"

不仅如此，孩子们还负责监测并照顾生活在布鲁克林一条小溪中的鳟鱼：监测水温、PH 值和其他一些可能杀死鱼和鱼卵的因素。次年 1 月，同学们在班级网页上汇报他们的进程："我们看到一条飞翔的石蚕正在吃死掉的鳟鱼，还发现一只大的鱼苗嘴里有一条鱼尾巴，它可能吃了一条小鱼。"鳟鱼一天天长大，不同学校的孩子们之间也一直保持着信件和 E-mail 联络。

"鳟鱼项目"由飞绳钓鱼俱乐部、鲑鳟类保护协会、美国渔业和野生动物基金会、哈德逊河基金会以及卡特斯尔水域公司联合提供支持，其目标是保护物种的多样性，并将孩子与自然结合起来。这个项目已经持续了十多年，开始于加利福尼亚州，现在已经在美国各州展开。

加拿大"野地之旅"

加拿大西部各省将"自然体验式的学习"融入到相关主流课程中。孩子们在小学阶段有一门科学课，可外出进行"野地之旅"。

旅程中，老师带着学生认识学校附近的常见树木。"不走远，不可以去园子里、林子里看，只注意看身边每天都能看到的植物。"一位加拿大学生说："老师就带着我们转，看到一棵树就停，说说它叫什么，让大家观察树的整体样子、叶子的形态；如果遇到树墩，就学习数年轮。"

得益于"野地之旅"的学生，能够认识当地的各种树，认识了每天都看得见的东西挺高兴。作为课程的一部分，同学们亲身体验了造一张纸的全过程。

加拿大人注重环保教育，造纸业又是本国的著名产业。造纸离不开树木，树木又与环保相关，经历"野地之旅"之后，和树木知识一起留在孩子们脑海中的，是保护自然的意识。这样的童年，结合学生们日后的各种经历，一定会潜移默化地在他们心中种下环保的种子。

·摘自《读者》（校园版）2012 年第 11 期·

植物也说悄悄话

雪菲菲

长久以来，语言似乎一直是人和动物的"专利"，那么植物呢？难道植物就不会"说话"吗？其实，植物不仅会"说话"，而且每种植物的语言都有着特定的意思呢！

爱"哭"的树

我叫"雨蕉"，又名"晴雨树"。我们家族的大部分成员广泛分布在中美洲多米尼加的民居附近，当地居民出行前都会看一下我们"哭"了没有。因为只要我们雨蕉"哭泣"，天就会下雨，所以，人们看树就能知阴晴。据统计，在所有会"预报天气"的树当中，我们雨蕉的知名度最高。

我们之所以会"流泪"，是因为叶子组织非常紧密。每当快要下雨时，空气的温度就会升高，湿度也会慢慢增大。这时，我们体内的水分很难靠平日的蒸腾作用散发出去，于是就从叶片上分泌出来，形成水滴，不断地流下来。此时，人们看见的我们就像是伤心垂泪一般。

预知"火情"的树

我叫樟柯树，又名"灭火树"。

住过宾馆的人可能注意过，房间里常有一种喷淋式感烟探测器，利用热敏元件来检测环境温度，预警火灾发生。我们樟柯树的枝杈之间也长有类似对火光特别敏感的节苞，这些节苞就像一只只灌满了水的"皮球"，里面充满我们体内分泌的液体。每当有人在我们周围点火时，这些节苞就会从表面的无数小孔中不断地向火源喷出白色的浆液，直到将火完全扑灭后才停止。在我们灭火的同时，那些躲避不及的点火人也会被淋得满头满脸。这也算我们给他的警告：森林地带，严禁烟火！科学家经过研究发现，我们之所以天生携带如此先进的"灭火器"，是因为喷出的浆液中含有四氯化碳这种灭火物质。据了解，有人已经根据我们的灭火原理，成功研制出自动灭火器，以防范火灾的发生。

会"打电话"的树

我叫柳树，还有一个大家耳熟能详的名字——杨柳，在文人墨客的诗词文章中太常见了。可是，自古以来文人墨客只了解我们的美貌，却不知道我们家族还会"打电话"，通知同伴预防害虫攻击。

在我们家族中，一旦某个成员遭受虫害，他就会大量增加新叶中石炭碱的分泌量，以降低害虫对新叶的适应性，减少虫害，保护自己。同时，他还会"打电话"通知周围约 70 米范围内的其他同胞有灾情发生，让大家也加快分泌石炭碱，通常离他最近的柳树石炭碱浓度比更远的柳树同胞高一点。

科学家经过多方面的研究，又发现我们在受虫害时释放的乙烯比正常情况下多得多。他们认为，是乙烯通过风的媒介作用，给我们发出危险预警信号，使大家各自采取防卫措施。这就是我们柳树会"打电话"的秘密。听，又来电话了！

尽管植物的"语言"并不能直接被人们听取，但这种交流对植物自身的生存有着至关重要的作用，破解它们也将帮助我们更好地理解自然规律。

在花园或林间小道散步的时候，你或许可以用动态的视角去看待那些不跑不跳、不出声的植物——也许它们正欢快地聊着天！说不定，你就是植物语言的下一个破译者。

·摘自《读者》（校园版）2019 年第 22 期·

食鸟蛛与钉子树

毕淑敏

　　我想说说非洲所谓的稀树草原。如果那种稀树被连根拔去，那稀树草原就干脆只剩下草原而没有树了。这种树只有一两米高，虽有树干，但更像是灌木，枝条纷乱。最先吸引我目光的是树干上悬吊的一个个羽纱样的小袋子，有十几厘米长，纺锤状，白花花、毛茸茸的，好像是一种败絮缠绕的鸟巢。

　　我一边嘎吱嘎吱像个地鼠似地咀嚼着零食，一边走向那些树。树还没有长叶子，好在枝条并不孤单。它褐色的骨架上，长满了密密麻麻的钉状物。每个"钉子"大约有 4 厘米长，尖端非常锐利，坚硬如铁。此刻，由于靠得很近，我可以清楚地看到那个鸟巢的细节，巢中还有一只小鸟。

　　只是……我非常惊恐地发现，鸟已经死了。如果单单是死亡，还不会令我如此毛骨悚然。它是非正常死亡的，是被这个鸟巢样的悬挂物勒死的。这只死鸟非常轻，会随着微风摇晃不止。也就是说，它已经是一个空壳了。那么，它的血肉到哪里去了呢？

带着满腹疑问，我深一脚、浅一脚地在荒草中跋涉，突然，我被一只强有力的手臂钳住了——那是女巡守员长满金色汗毛的手臂。

她严厉地质问我："你要到哪里去？"

我说："我要看看那边的鸟巢。"

她正在照料大家下午茶的当口儿，一眼瞥见我无组织、无纪律的行为后，立刻三步并作两步赶过来。

她长叹了一口气，说："那不是鸟巢，是鸟的坟墓。这里的主人是一种大型蜘蛛。你看，这里到处都是它们布下的天罗地网。"

果然，四周的枝杈上都有若隐若现的蛛丝浮动，但它们看起来异常单薄。飞翔的小鸟自由活泼，冲劲儿很猛，蜘蛛网怎么会有那么大的力量网住它们？

女巡守员看出了我的疑惑，说："这种食鸟蛛的个头儿很大，有6只眼睛、8条腿。它会喷丝筑网，喷出的蛛丝蛋白质含量很高，非常强韧，能承受自身体重的4000倍的重量。它布好了网，就躲起来。如果小昆虫黏到了网上，食鸟蛛并不吃它们，留着它们挣扎来做诱饵。鸟儿看到小虫，就会飞过来，这下就误入了食鸟蛛的网。它的网很黏，鸟儿飞不动了，便会狠命扑腾。食鸟蛛的耐性很好，在鸟儿耗尽气力之前，它是不会发起进攻的。等到鸟儿筋疲力尽了，食鸟蛛就爬过来，分泌毒液将猎物麻醉。然后不断吐丝，直到把鸟死死地捆住，看起来好像一份圣诞节礼物。"

我惊叫起来："当这个类似鸟巢的东西编结起来的时候，小鸟还活着？"

女巡守员说："是的，那时它能看到天空，却再不能在天空飞翔了。它的血肉很快会被蜘蛛的毒液溶解，这时食鸟蛛就会像小孩子吸酸奶一样，安然地慢慢享用小鸟。"

看得见的杀戮和看不见的阴谋就潜伏在我们身边，令人不禁毛骨悚然。

女巡守员说："你不必伤感，大自然就是这样循环往复，比如这些树，是大象的美餐。"

大象非常爱吃这种树，连树皮带树枝，甚至树枝上尖锐的"钉子"也一道卷进肚子。对此，我只能表示，大象的胃黏膜一定像铁砂纸。

女巡守员开心地笑起来："大象的唾液黏稠，能包裹住尖锐的刺槐，让自己不受伤害。"

我惊叫起来，说："您是说这种长满了'钉子'的树叫槐树？"

"对啊。刺槐原本就发源于非洲。"女巡守员看了我一眼，奇怪于我的惊奇。

由于京剧《玉堂春》的广泛流传，洪洞县广为人知。洪洞县有棵老槐树，我们似乎觉得槐树是中国的特产。而在非洲土地上生长的刺槐，在中国被称为洋槐。

有资料说，刺槐是高度可达25米的乔木，但我在非洲所见的刺槐都是几米高的"灌木"。是不是因为大象、长颈鹿、斑马等动物的啃食，让刺槐再也长不高了呢？

原来刺槐是"看人下菜碟"呢！

如果年降水量为200毫米～700毫米，刺槐就可以茁壮成长，变身为大型乔木。

如果年降水量低于200毫米，它就会摇身一变，成为灌木丛状态。

虽然它变矮小了，却长得飞快且树冠浓密，生长速度甚至可以超过以速生闻名的杨树。

刺槐生性朴实、任劳任怨，可以在干旱贫瘠的砾石、矿渣上生长，可以忍耐3‰的土壤含盐量。它自身具有根瘤菌，可以固氮，自我造肥，自我供给营养。

刺槐于是成了稀树草原上的动物们的大恩人，为丛林区提供生物的栖息地，提供食物，成了动物的旅馆兼饭桌。

朝气蓬勃的女巡守员笑着说："根据科学家的最新研究成果，如果没有动物来啃叶子，刺槐反而会遭到伤害。"

我大惑不解："怎么会这样，刺槐有自虐倾向吗？动物不来啃食，它反而不自在了？"

女巡守员说："动物学家从1995年开始，把6棵刺槐用带电铁丝网围住，以防动物啃食刺槐的叶子。他们又找了6棵刺槐作为参照物，让它们暴露在野外，供长颈鹿、大象和其他食草动物尽情食用。多年过去了，动物学家发现，在铁丝网保护下的6棵刺槐不仅没有长得更高，反倒比没被围住的刺槐的死亡率高一倍。"

我疑惑地问："这是为什么？"

女巡守员说："它们受到了蚂蚁的侵害，蚂蚁又招来了桑天牛，桑天牛会损害刺槐的树皮，减缓刺槐的生长速度，增高死亡率。而不断被啃食的刺槐就不会招惹这种蚂蚁。"

原来这就是大自然秘不示人的循环图！

我问："当您看到一个弱小的动物就要丧生的时候，是否会有拯救它们、阻止悲剧发生的冲动？"

她说："是的，这种感受主要集中在刚开始工作的时候。我有一次看到一头狮子马上就要吃掉一只小长颈鹿，我出手救了小鹿。但后来我明白了，如果这只弱小的动物不死去，那只大型动物就会死去。大自然已经这样运行了无数年，自有它的道理。任意去改变它，反倒是人类的狂妄。现在，我已经可以心境平和地看待这种轮回了。"

·摘自《读者》（校园版）2019 年第 23 期·

向日葵晚上在干什么

易 易

向日葵又名朝阳花，因其花白天常常朝着太阳生长而得名。向日葵晚上在干什么，却鲜为人知。而且并非所有的向日葵都是向着太阳生长的，只有向日葵发芽到花盘绽放但未成熟的时间段，才会跟着太阳转动。

这是为什么呢？

因为向日葵中有两种"性格不合"的奇怪元素，一种是叶黄氧化素，它钟情于阳光；另一种是生长素，它非常害怕阳光，主要用来促进向日葵细胞的发育和生长。当太阳出来时，生长素就会悄悄地躲在向日葵的背阳处，白天基本上不会得到阳光的格外关注，而是处于休眠状态。所以，向日葵向阳部分的叶黄氧化素就沐浴在阳光下，尽情地发挥着促进向日葵生长的作用，这才有了向日葵向着太阳弯曲生长的姿态。

到了晚上，向日葵背阳处的生长素开始活跃起来，并开始"大展身手"，加速向日葵背阳部分的生长。慢慢地，向日葵原本向着太阳弯曲的角度就会转到背阳处，渐渐地偏到东偏南方向。

向日葵花盘的指向落后太阳的角度是 12 度，大概 48 分钟。太阳下山后，随着阳光的消失，向日葵的花盘就会慢慢地往回摆，在大约凌晨 3 点时，又转回东方等待太阳升起。所以，向日葵白天跟着阳光转，晚上没有阳光，向日葵就会自然地慢慢往回摆。

所以，向日葵晚上在干什么呢？它依然在努力地生长，像白天时一样倔强地生长着。

·摘自《读者》（校园版）2019 年第 24 期·

倒木是森林的另一种姿态

孙道荣

在长白山步道两旁的参天的丛林之中，横七竖八地散布着一棵棵倒下的大树。这些曾经挺拔高大的树木，此刻正安静地横卧在大地之上，全身长满绿苔，有的已经枯烂，露出黄褐色的木芯。

它们被叫作"倒木"，倒下的树木。

这些大树，是在大风刮过森林时倒下的。有的是垂垂老矣的大树，已经活了几百年，甚至更久。巨大的树干差不多被时间掏空了，大风起时，它们摇摇晃晃地一头栽倒在地上。

千万别小看了这些倒木，它们是森林的温床。森林中超过八成的树木幼苗是从倒木上繁育起来的；倒木也是微生物的栖息地，小树苗在成长的过程中所需的大量营养成分，就是靠这些微生物分解提供的。

　　看起来有点儿煞风景的倒木，事实上恰是森林不可或缺的重要组成部分。一棵大树倒下了，成了倒木，它的叶子脱落了，枝干枯萎了，躯干腐烂了，但它并没有死亡，也没有荒废，它只是换了一种姿态，像一位母亲一样敞开了怀抱，这是一棵树之于森林的另一种姿态。

·摘自《读者》（校园版）2015 年第 16 期·

用植物给手机充电

李 青

如果你走在路上，忽然想用手机给朋友打个电话或发条短信，却发现手机没电了，该怎么办呢？这是很多人都有可能遇到的尴尬情况。目前，我们所使用的手机在正常使用的情况下，需要频繁地充电。那么，能不能用我们身边的植物来解决充电问题呢？三位智利的女大学生为我们开辟了一条希望之路。她们经过3年的艰苦努力，终于研制出了一款名叫"E-Kaia"的植物手机充电器。

"E-Kaia"充电器的一头是USB接口，可以连接手机，另一头则插入盆栽的土壤中。目前，这个充电器可以输出5伏、约600毫安的电流，所以，只需等待大约1.5小时，充满电的手机又能为主人效劳了。

"E-Kaia"是利用盆栽土壤中游离的电子给手机充电的。

大家都知道，植物是通过复杂的光合作用获得能量。植物体内的叶绿素与光、空气中的二氧化碳、植物从根部吸收的水分，以及植物周围的某些微生物之间相互作用，发生着许许多多的化学反应和生物变化。在这个能量转换的过程中，植物体内的水分分解出了氧气，释放出质子和电子。"E-Kaia"里有一个生物电路板，通过电极把植物用不了的电子捕获并收集起来，储备成可以被利用的电能。因为收集的电子是植物不需要的，所以，不会对植物的生长产生任何不良的影响，因此，"E-Kaia"是一种非常好的清洁能源产品。

"E-Kaia"的发明者们还有进一步的计划：用植物为耗电量高的计算机、电视机或者紧急照明灯充电。有可能的话，她们希望将来家用电器的电源问题，也可以通过种在院子里的一棵大树来轻松解决。

·摘自《读者》（校园版）2016 年第 16 期·

参天红杉树为何都长在山谷

石毓智

我在中学上地理课时就知道，美国加利福尼亚州的红杉树是世界上长得最高大的树种。后来我到加州的斯坦福大学考察，学校后面就是崇山峻岭，漫山遍野都生长着红杉树，加州政府还特意在那里开辟了一个红杉树公园。空闲时，我经常带家人和朋友去这个公园参观。

从学校到公园，开车要走大约两个小时。山路蜿蜒曲折，从高处盘旋而下，来到一个山谷，那里就是公园所在地，一块可供游客参观旅游的原始森林风景区。

因为多次往返在这条山路上，我发现了红杉树的生长及分布规律。从山顶到山谷，红杉树是越来越高大。长在山顶上的树木一般都长不大，最高大的树都是在山谷的低洼处。

　　山谷里河水潺潺，空气湿润凉爽，各种不知名的树木郁郁葱葱，十几个人抱不拢的红杉树也随处可见。抬头从树干望向树梢，这时才真正知道什么叫"参天大树"；低头看树下的土地，是常年落叶集成的厚厚的腐殖质，看上去黑黑的、湿湿的，直流肥水，这里树木的生长环境是多么优越！

　　走在森林里的小道上，如果发现一棵巨树，它的附近通常还有同样大的树，因为这里的生态环境最适合树木生长。不少大树因为年代久远，树干中部已长空了，里边可以站十几个人，甚至通过一辆汽车。不看加州的红杉树，就不知道什么是真正的"树王"。

　　红杉树的生长给人们这样一个启发：同样一个树种，或者说同样的种子，并不是在所有的地方都能长这么大的，是生长环境决定它们能长多大。为何生在山顶上的红杉树一般都长不大？因为它们在暴风和雷电中首当其冲，最容易被狂风摧折，最容易受到雷击，容易引发森林大火；同时，山顶的土地被雨水冲刷，不仅养分流失，而且水分不足，结果造成土壤贫瘠干燥。

　　大树都集中长在低谷地区，因为高山上土壤的养分随着雨水流到了低谷，使这里的水分充足，土质肥沃。而且山谷里的红杉树不易受风雨雷电的侵袭，遭遇森林大火时的生存概率也高。

　　前几年我去参观位于旧金山附近的另一个美国著名的国家森林公园——约塞米蒂国家公园，那个地方树木的生长状况与红杉树公园里的一样。

　　在到达约塞米蒂国家公园的核心地带之前，先要翻过很多座高山，我看到山坡上的许多红杉树都被成片地烧成了焦黑的树桩子，说明前些年这里曾经发生过森林大火。从树桩子的粗细来看，这些红杉树都不大。

放眼向山顶望去，发现山腰之上一棵像样的大树也见不到，虽然它们都属于红杉树家族，都有长成"树王"的基因。

当来到公园的山谷地带，景观就和红杉树公园一样，河流纵横，土肥树大，参天大树随处可见。

然而，在中国的文化里，对大树的成长却有另一种认知。例如，子曰："岁寒，然后知松柏之后凋也。"松柏的坚韧品格、挺拔身姿，似乎不经历风霜雪雨的磨砺，就难以生成。

歌曲《好大一棵树》写道："头顶一个天，脚踏一方土，风雨中你昂起头，冰雪压不服，好大一棵树，任你狂风呼。"也给人这样一种印象：似乎树木不生在大山之上，不受风雨洗礼，就难以长成大树。其实，歌词里掺杂着诗人的想象，融入了艺术家的审美趣味。真正的参天大树的长成，需要肥沃水土的滋养，需要能躲避开冰霜雪雨直接侵袭的山谷的庇护。

当然，参天大树之间也有竞争，也有拼杀，但那是在优良的大环境下正常的催发和促进；而那些生长于常年受暴风雨折腾的山顶和山坡上的树木，通常来说是难以成为"树王"的。

·摘自《读者》（校园版）2016 年第 16 期·

花儿为什么开

谈瀛洲

女儿曾经考我："植物为什么要开花？"我说："那是为了追求自我实现。"她说："生物老师不是这样说的！"

我也知道生物老师肯定不是这样说的。生物老师和所有的科学家都会说，植物开花是为了用艳丽的颜色和芬芳的气味，吸引昆虫来采蜜或食用花粉，顺便也为它们传粉，这样它们就可以结籽繁殖了。

这是个完全实用主义的解释。

只有跟花盘桓得久了，才会有跟科学家和生物老师不同的看法：为什么就不能把植物的开花理解为让自己的生命有一次灿烂的绽放，仅此而已，没有其他呢？

我所种过的最大、最美的花，比如重瓣茶花、牡丹、芍药、月季、石榴、碧桃，都很少结籽结实，而且即便结籽结实，种子也不能用于繁殖，用于繁殖也会导致品种的衰退。它们长出的植株，很少再能开出同样硕大美丽的花来。

也许你会说，这些都是园艺品种，是人工培育出来的，和在自然界中的品种不同。但是，如果这些植物中本来就没有开出硕大、美丽、繁复但不育的花朵的可能性，人类又怎么可能把它们培育成那样呢？

在我写这篇文章的时候，在夏日的阳台上，我的一盆橙色复瓣扶桑正在开放。这株原本来自热带的植物只有30厘米左右高，却每天要开出5朵牡丹大小的复瓣大花，一朵花只开一天，第二天又开新的。这是对自身能量何等的挥霍！

但这样的挥霍只是为了美。复瓣扶桑开过的花，第二天就萎缩，第三四天就枯干、掉落，根本没有任何实用的目的。

只有那些"低级"的花，也就是小花、单瓣花，开花才主要是为了结籽结实。而这样的花，通常都会受到种花者的轻视。

对于种花，我是一个唯美主义者。我只爱那些为了开花而开花的花。

·摘自《读者》（校园版）2012 年第 24 期·

树木的"地下交易"

Feng

　　看似平和而安详的森林，实际上无时无刻不在进行着残酷的竞赛。在地面之上，植物需要不断地长高和扩大叶片面积，以争取到更多的阳光，吸收更多的二氧化碳；在地面之下，植物则伸展着根系，来获得更多的水分和矿物质元素。而这一切都是为了更好地进行光合作用，从而生产植物生长所必需的有机物。

　　生存不易，辛辛苦苦地进行光合作用所产出的东西，没道理不自己留着，对不对？科学家们也曾这样认为。由于不同植株之间极少存在"吃与被吃"的关系，因此，一个传统的、显而易见的观点是，光合作用的产物（或者叫"同化产物"）一旦在植物体内被合成，就不会轻易在不同植株间"易手"——除非脱落或死亡。

然而，瑞士巴塞尔大学和瑞士保罗谢尔研究所的一项研究，却向这一看似"天经地义"的观点发出了挑战。研究者们发现，植物通过枝叶合成的同化产物，会通过根系在不同植株间发生巨量的转移。换句话说，植物也会通过根系进行"地下交易"，相互交换自身合成的有机物。这一结果发表在《科学》杂志上。

这几棵树要的二氧化碳，我承包了

根系埋藏于地下，并不轻易显露真身；而层层的分支，更使得植物的根从数十厘米粗的主根，一路分为直径不足 1 毫米的细根。要探究有机物在如此纤细而复杂的根系网络中如何转移，看起来几乎是一项不可能完成的任务。

不过，科学家们另辟蹊径，利用一种被称为"开放大气二氧化碳富集"的技术，使用人工提供的二氧化碳对植物体内的有机物进行标记，进而追踪了这些有机物的移动途径。

科学家们在瑞士巴塞尔地区的一片混交林中开展的这项实验，本身就是一项大工程——他们选取了 5 株高度近 40 米的挪威冷杉为实验对象，通过起重机在每棵树的树冠上布满了能释放二氧化碳的管道。通过精密的电子阀控制和传感器监测，整套 FACE 系统能将树冠笼罩在一定浓度的"标记用二氧化碳"氛围之中，时间长达 5 年之久。

这些标记用的二氧化碳跟大气中的二氧化碳有什么区别呢？严格来说，标记用的二氧化碳气体相当"纯净"——纯净到几乎只由含有 ^{12}C 原子的二氧化碳分子组成，而含有 ^{13}C 原子的二氧化碳分子含量则远低于大气中的二氧化碳水平。换句话说，科学家们是用低 ^{13}C 丰度的二氧化碳来标记树木的。

这样一来，那些被标记的挪威冷杉体内的碳中，^{13}C 的丰度要低于周围没有被标记的树木——包括另外 5 棵作为对照的挪威冷杉。这种碳同位素丰度微小的差异也足以被科学家们检测出来，从而测量树木不同分组以及不同树木间碳同位素丰度的变化，最后重构有机物在植物体内和植物间的传递和转移过程。

根系之间的大买卖

研究者们在分析与被标记的挪威冷杉相邻的树木，如欧洲赤松、欧洲山毛榉以及欧洲落叶松的 ^{13}C 丰度时发现，这些树木的根部，尤其是细根的 ^{13}C 丰度发生了显著变化，而它们树冠部位的 ^{13}C 丰度则没有显著变化。

这一结果表明，被标记的挪威冷杉的根系和周围的树木间发生了有机物的交换，低 ^{13}C 丰度的有机物被周围树木吸收，而其本身也获得了其他树木所产生的高 ^{13}C 丰度的有机物。通过对植物细根 ^{13}C 丰度的精细测量可以推算，一棵树木的细根中，有近 40% 的有机物被转移给了其他植株。如果换算到每一公顷土地上，那么植物细根间交换的有机物高达每年 280 千克。

如此大量的有机物交换是如何发生的呢？科学家们将目光投向了一大类植物的共生者：菌根真菌。人们很早之前就知道，几乎所有的树木根系表面都会有真菌附着，形成所谓菌根的复杂网络结构。菌根的存在，不但有助于水分、矿物质的吸收，更为重要的是，介导了复杂的有机物合成和转运的过程。

研究者对土壤中与植物根系共生的菌根菌，以及普通的腐生真菌体内 ^{13}C 丰度进行了测量，发现在未被标记的树木根际土壤中，菌根菌和腐

生菌具有类似的高 ^{13}C 丰度。而在被标记的树木及其邻近树木根际土壤中，菌根菌体内的 ^{13}C 丰度则显著下降，但腐生菌没有显著变化。这一现象表明，树木根系间有机物的转移，并非是由植物组织脱落、死亡、分解造成的，而是通过共生菌根菌主动进行的。

这一实验结果提示，植物之间的相互关系，远比人们之前所想象的更频繁和复杂：植物根系间不但存在化学信息交流（如化感作用等）、物质资源竞争，还存在着同化产物的交换。

那么，这种"地下交易"为什么会产生呢？目前我们还不知道确切原因。一个可能的解释是，植物向共生真菌提供了大量的有机物来支持自身菌根的生长，而不同植株的不同菌根之间则会争夺和再次分配这些有机物，从而形成了有机物的多向转移。不过，这一猜想还有待进一步的研究。但无论如何，这一发现为我们打开了一扇了解森林生态系统运行规律的新窗口。

·摘自《读者》（校园版）2016 年第 17 期·

植物也"发烧"

王贞虎

人或动物生病，往往伴随有发烧症状。人一旦发烧，整个精神状态都不好，怕冷、头重脚轻、食欲不振。那植物呢，它们也会发烧吗？

"身体"抱恙

科学家发现，植物也有"发烧"的症状。有趣的是，许多植物"发烧"竟然也与疾病有关。通常，农作物的体温只比气温高2℃~4℃，假如超出过多，那这株植物就该请"医生"了。

植物的"高热"跟人类的重感冒一样，只有在受到病毒感染时，叶子等部位的温度才会急剧上升。

植物"发烧"的罪魁祸首，是一种叫水杨酸的化学物质。这种物质存在于植物体内，有毒，但势单力薄，起不了大浪。可是，一旦植物受到病毒感染，少量的水杨酸便会迅速产生不可小觑的力量。它们振臂一呼，"群贼响应"，成千上万个水杨酸弟兄于最短的时间内在植物体内集合，形成一支水杨酸大军。这支大军发起进攻，植物不得已，只好"关闭城门"，将叶子表面的气孔完全关闭。

由于叶子上的气孔对植物所起的作用跟人体汗腺一样，植物没了这些排汗孔，水分蒸发量大大减少，体内的热量排不了，就会"发烧"。而且，水杨酸大军首先进攻的"城堡"是植物的根部，影响根对营养的吸收，营养不良也加快了植物"发烧"。

在水杨酸大军进攻植物的"战斗"末期，植物已是全身酸软、有气无力了。它们的叶片只能进行少量的光合作用，根系则失去了吸水的功能，"渴灾"便开始降临，"高烧"进一步加重。如果时间一长，植物就会奄奄一息，直至死亡。

即使植物没有受到病毒感染，但如果"渴"得厉害的话，也会"发烧"。白天，植物的叶温主要靠蒸腾作用调节。当土壤里的水分充足时，蒸腾作用较强，叶温降低；而当土壤里的水分不足时，叶子得不到充足的水分，在阳光下失水过多，就不得不关闭气孔，导致蒸腾作用减弱，叶温升高。

"温柔"陷阱

有些植物"发烧"并不是因为身体有病，而是想通过"发烧"达到某种目的。

天南星、白菖蒲、魔芋、半夏、马蹄莲就是典型的代表。它们是天南星科植物，大多夏季开花，花色艳丽，呈肉穗花序，外包淡黄色、黄绿色、紫色、白色或绿色的佛焰苞。仔细观察，你会发现一个奇特的现象，就是它们开花时，花部会"发高烧"，温度比气温高出 20℃以上。而这种"高烧"状态往往会持续 12 个小时左右，"盛热期"仅 1 小时 ~ 2 小时。

短暂的花期，短暂的"高烧"，难道仅仅是为了表现出它们的与众不同吗？当然不是。在它们"发烧"期间，高温的花朵会散发出一种带有怪味和刺激性的化学物质，如胺和吲哚，迅速吸引苍蝇等昆虫前来授粉。原来，天南星科植物们靠"高烧"引诱昆虫，促进了物种的繁衍。

在南美洲中部冻结的沼泽地里，有一种聪明的植物——臭菘。它们的花朵迎寒绽放，常常"发高烧"，假造一座"温室"，诱使一些怕冷的昆虫前来小住，从而达到授粉的目的。

臭菘是一种佛焰花序植物，花期约 14 天。即便在大雪纷飞的严冬，其花苞内也始终保持着 22℃的温度，比气温高出 20℃左右。

臭菘花为什么能散发那么高的"热量"，让自己成为"冬天里的一把火"呢？植物学家通过观察研究发现，臭菘花有许多产热细胞。这些细胞里含有一种酶，能氧化光合产物——葡萄糖和淀粉，释放出大量热能。这种酶的氧化速度惊人，简直可以媲美鸟类翼肌和心肌对能量的利用。

·摘自《读者》(校园版) 2017 年第 5 期·

种子的太空旅行

李　亦

　　你见过重达 200 千克的航天"巨无霸"南瓜吗，是不是对它的个头和产量感到不可思议？你观赏过多蕊色深的太空金盏菊吗，对它长达 9 个月的花期是不是啧啧称奇？还有皮薄肉厚的航天西瓜，有没有让你对它的甜脆爽口惊叹不已呢？

　　这些神奇的植物都是航天育种的技术成果，将古老的农业与先进的航天技术连接在一起，给育种蒙上了一层神秘的面纱。与常规育种相比，航天育种有什么不同？一粒普通种子，怎样演变成"太空种子"？那就让我们来揭开航天育种背后的秘密。

为啥要让种子"上天"

在太空中种出来的土豆是什么样的？马特·达蒙在《火星救援》中给出了答案，他虽然没有具体描述出火星土豆的口感，但作为救了他一命的食物，想必味道好极了。在目前的科技条件下，人类到火星种土豆确实是一件只能幻想的事情，但是，吃一口在太空中孕育出来的食物，早就是一件离普通人很近的事了，我们在餐桌上最常吃到的黄瓜、大豆、玉米等作物，很多就有可能是来自太空。

那么，为什么要发展航天育种技术？这一技术相较于其他育种方式有什么优点？

在自然条件下，随着环境的改变，种子也会发生基因突变，环境会筛选出适应性更强的基因，但是这个过程十分缓慢，而且变异率极低，种子基因突变的概率在百万分之一以下，而经过太空环境影响，可达到千分之五。与常规育种方式相比，航天育种听上去似乎很难，其实航天育种跟常规育种没有本质区别，它只是在常规育种的层面增加了让种子上太空的过程，通过太空环境促进种子发生基因突变，使农作物种子有益变异率增高，育种期限缩短，育种成果更为丰富。而且在太空，各种辐照、射线都有，更多的是粒子辐射，穿透力很强，一般太空种子的成活率能够达到90%以上。

为什么种子"一上天就好了"，其中的原理科学家们正在做进一步的研究。

实际上，一粒种子从上天到入地，再到结出果实，是一个复杂的过程。

第一阶段是选种。选择什么样的种子搭载上天，要经过多重筛选。究竟什么样的种子能够通过筛选，获得成为"太空种子"的机会呢？只有具有稳定遗传性状的纯系自交种才能被搭载上天，杂交种子由于发生性状改变的原因比较难以控制，一般不能上天。而且搭载种子在纯度、净度、发芽率上，均要符合国家作物种子质量标准，每份搭载种子的数量，小粒作物一般应在 3000 粒以上，大粒作物一般应在 1000 粒以上。搭载资源非常有限，每次 100 种左右。

第二阶段是诱变。利用卫星和飞船等太空飞行器将植物种子带上太空，利用特有的太空环境条件，如宇宙射线、高真空、弱地磁场等因素，对植物的诱变使其产生各种基因变异，再返回地面选育出植物的新种质、新品种。一般来说，种子搭乘卫星上太空转一圈，便能"变"出更优良的品质，比如结出更大更甜的果实，开出更美的花朵。

第三阶段为下地。种子随着搭载的航天器返回地球后，随即要进行地面选育工作，包括地面种植、观察、突变体筛选、遗传稳定性鉴定等工作。因为种子的变化是分子层面的，想分清哪些是我们需要的，必须将这些种子全部种下去，繁殖三四代后，才有可能获得性状稳定的优良突变系植物。

就这样，经过一个漫长的过程，每次在太空遨游过的种子，都要经过连续几年的筛选鉴定，其中的优系再经过考验和审定，才能成为真正的"太空种子"。

种子与国家科技的竞争

坐落在北京郊外的北京通州国际种业科技园区，被誉为我国的"种子硅谷"。园区里，驻扎着众多我国种子行业的龙头企业，这里已经成功培育出了太空香蕉、太空树莓、太空葡萄、太空兰花、太空百合、太空月季等品种。

一直以来，我国都是种子需求大国，然而，我国种业的竞争力却不强，这是摆在我国种业面前的严峻现实。用中国工程院院士袁隆平的话说，关键时刻，一粒小小的种子可以绊倒一个大国。就以印度为例，美国种业巨头孟山都在2002年将"Bt-"棉花种子引入印度，从此垄断了印度的棉花种子市场，导致种子的价格上涨了80倍。所以，这是一场迫在眉睫的科技竞赛。

中国是目前世界上3个独立掌握空间飞行器返回式卫星技术的国家之一，在航天育种方面，3个国家各有特色。目前美国航天工程育种工作计划主要涉及种质创新、药品生产、生物反应器等几个研究领域。俄罗斯的研究重点则是空间植物栽培研究，曾在国际空间站完成了豌豆的连续世代循环栽培，以及成功种植超矮小麦、白菜和油菜等植物。

我国航天育种开始于1987年，但最早主要是国外的公司搭载中国的航天器。从搭载辣椒、西红柿种子开始，我国开始了自己的航天育种进程。自1987年以来，在"国家863高科技计划"的推动下，我国先后13次利用返回式卫星和5次飞船及多次高空气球，搭载了70多种植物的2000多个品种的种子，涉及粮、棉、油、蔬菜、花卉、牧草及中药材等。已进行的项目有：小麦、水稻、玉米等粮食作物，大豆、绿豆、黑豆等豆类作物，棉花、烟草、香蕉、莲子等经济作物，油菜、番茄、黄瓜、甜椒、西瓜、甜瓜等蔬菜作物，曼陀罗、兰花、玫瑰等花卉，红豆草、紫花苜蓿等牧草，人参、甘草等中药材。

比如，经卫星搭载处理后获得的博优721亚种间杂交水稻新组合，大面积亩产量达700多千克，比当地主栽品种增产15%以上；优质、高产的水稻华航1号、芝麻新品种航芝麻1号、食用菌太空金针菇等，都受到农业生产者的普遍欢迎。同时，我国利用航天诱变技术，创造了一批目前利用传统育种手段较难以获得的罕见品种，如特早熟小麦、特大粒莲子太空莲 3 号、特大粒红小豆突变系、特长角果双底油菜等，将对作物的产量和品质等主要经济性状的遗传改良产生重大影响。

　　航天育种是个接地气的、实实在在的行业，已经有多个地区利用这一技术实现了收益。

·摘自《读者》（校园版）2017 年第 9 期·

登上月球养蚕、种土豆

秋　凡

　　继 2016 年美国在 NASA 空间站中培育出第一株在外太空开放的百日菊之后，中国的土豆和拟南芥的种子将作为"嫦娥四号"的"乘客"，于 2018 年登陆月球，将在月球上开出第一朵土豆花或拟南芥花。

　　月球上面没有气压，重力只有地球的 1/6，它的 1 个白天的时间相当于地球上的 14 天，而接着就是两周的黑夜。那里没有碳，而碳是植物进行光合作用不可或缺的元素。寻求在月球上种植植物的方法，比将人类送上月球更具挑战性。

　　根据已知的动植物生长原理，中国科学家创造了一个能在月球上面适应动植物生长、实现生态循环的小空间——"月面微型生态圈"。该项目经过两年多的试验，终于在 2017 年 9 月完成，并将于 2018 年年底发射。

　　"月面微型生态圈"是模拟动植物在地球上的生存环境，由特殊铝合金材料制成的一个圆柱形"罐子"，高 18 厘米，直径 16 厘米，净容积约 0.8 升，总重量 3 千克。罐子虽然不大，内部却大有乾坤，里面的零部件达 40 个，聚集了机械、控制、环境、生物、光学、能源等多学科交叉的研发团队的智慧。

　　为了让"罐子"里的温度恒定，研究人员给"月面微型生态圈"穿上了保温服，并安装了根据建筑温控上的优势研制出的新型空调。然后，研究人员又利用太阳能电池控制温度，保证了微型生态圈和照相机等一些耗电器材的运作。

　　因为"罐子"里的资源有限，动植物占用的空间不能过多，加上月球上没有大气传递热量，昼夜温差大，因此，所选的种子必须满足体积小、耐高温、耐冻、抗辐射和抗干扰等条件。经过上千次的筛选后，土豆、拟南芥和蚕卵脱颖而出，成功获得任务榜上的指定名额。除了土豆、拟南芥两种植物的种子之外，"罐子"里面还有土壤、养分、空气等动植物生长所需要的物质，以及记录动植物生长的微型摄像机和照相机、调节温度的空调以及提供能源的电池等。

　　有了恒温技术的保障，"罐子"里的温度会保持在相对稳定的范围内，土豆和拟南芥通过光导管吸收月球表面的自然光进行光合作用，释放氧气供养生态圈里的"消费者"——蚕卵，然后蚕卵排出二氧化碳和排泄物提供给植物种子，循环往复。如此一来，一个小生态圈就初具形态了。预计在 3 个月后，植物们有望在月球上顺利开出第一朵花。

　　从发射准备到飞行登月这两个月里，为了让动植物在指定的时空中生长，研究人员进行了大量实验，以保证动植物在旅途中沉睡，到达月球后再被唤醒。据该项目的总指挥谢更新教授介绍，通过"月面微型生态圈",观察在低重力、强辐射条件下植物种子的生长全过程,能验证月球环境下种子的呼吸作用和植物的光合作用。

当这两种植物在月球表面开出第一朵花,土豆就可作为人类太空生存的食物来源。如果土豆和拟南芥成功开花,这次实验的价值将更加重大。

·摘自《读者》(校园版)2017 年第 22 期·

那些因失误而诞生的食物趣闻

艾 莉

食物与食物的相逢能产生更多的美味，但是世界上也不尽是美好的相逢，在美食诞生的过程中，也曾经出现过一些失误。不过正是由于这些美丽的失误，我们今天所品尝到的一些美食才得以诞生。

面包

传说公元前 2600 年左右，有一个用水和面粉为主人做饼的埃及奴隶。一天晚上，饼还没有烤好，他就睡着了，炉子也灭了。

夜里，生面饼开始发酵，膨胀了。等到这个奴隶一觉醒来时，生面饼的体积已经比昨晚大了一倍。他连忙生火把面饼塞回炉子里去，他想这样就不会有人知道他活还没干完就睡着了。面饼烤好了，奴隶和主人都发现那东西比他们过去常吃的扁薄煎饼好多了，又松又软。也许是因为生面饼里的面粉、水和甜味剂暴露在空气里的野生酵母菌或细菌下，当它们经过一段时间的发酵后，酵母菌生长并遍布整个面饼。

埃及人继续用酵母菌做试验，产生了世界上第一代职业面包师。

思乐冰

思乐冰，应该有不少朋友买过吧？不要以为这玩意儿是新产品哦，它在1958年就出现了！"奶品皇后"的老板奥玛·肯迪克经常订购汽水供客人购买，由于汽水被遗忘在冷冻柜中的时间太长了，有时会起冰碴，谁知客人竟然非常喜欢这特殊的口感。

为了满足顾客的需求，这位老板决定开发专门制作沙冰状汽水的机器——ICEE自动贩售机。由于人气很旺，300多家公司都购买了这种机器。1965年，ICEE正式被更名为Slurpee（思乐冰）。

薯片

没错，薯片的诞生也是一个意外。

故事发生在纽约月亮湖旅馆的一家餐厅，一位非常难伺候的顾客投诉炸薯条太粗，无法食用，大厨重新制作了一份"瘦身版"的薯条之后，顾客依旧不满意，满腔怒火的大厨乔治决定将马铃薯削成像纸一样的薄片炸给客人，谁知这又薄又香脆的薯片竟然大受欢迎。

葡萄干

很多人都认为葡萄干是中东人发现的，在那儿它们可是宝贝。任何在毒辣辣的太阳下不会腐败变质的食物都是宝。1873年9月，一次大热浪袭击了中东地区。果农还来不及摘下所有的葡萄，烈日就已经把葡萄烤得皱巴巴的了。

葡萄没了。一个果农把收来的干葡萄运给旧金山的食品商。食品商的顾客发现，这些葡萄干是十分难得的佳果，于是这偶然发现的"新鲜"葡萄干，成了加州的主要产业之一。

醋

醋到底是什么东西？酸酒！据历史学家说，大约在两千多年前，有人偶然把酒放得太久而变酸了，结果就变成了醋！

我们通常在拌色拉或腌泡菜时用醋，但据历史记载，醋被当作治病良药已有好多个世纪了。医生用醋作为吸入剂治疗皮肤病、肺部不适，还用以治疗发烧和内出血患者。

巧克力曲奇

1930 年，一个叫露丝·威克菲尔德的女人与丈夫共同开了一家小旅馆。一天早上，当她正准备为客人制作曲奇时，却发现烘焙用的巧克力用完了，于是她只好敲碎了巧克力，放进面团里头使用，希望烘烤时巧克力会溶化到面团里，然后，巧克力曲奇就诞生了。

喼汁

其实，喼汁（又称英国黑醋或伍斯特沙司，是一种起源于英国的调味料）的诞生至今仍是一个谜，今天要说的是其中一个版本。相传一位英国的大人物从印度回国后，聘请了约翰·李与威廉·派林这两位化学家，研发他最挂念的一种印度辣酱。经过多番调配，二人始终对味道不满意，因此，便将其密封在罐子里，然后丢在地窖中。数年之后，当他们重新将其翻出来品尝时，却发现发酵使得当时不讨人喜欢的酱汁变得非常美味，遂将其推向市场。

·摘自《读者》(校园版) 2014 年第 17 期·

森林里的"天空拼图"

张　璇

　　行走在高大的乔木森林中，人们常常被眼前的林间小路所吸引，殊不知，倘若抬头仰望，也会看到一番奇妙的景象：即使空间非常拥挤，相邻树木的顶层树冠也并不交叉重叠，而是各自占据一块空间，彼此礼让着成长，好似天空的拼图。树冠之间明显的间隔又如河流、水渠般交错连通，令人不由得感叹大自然的鬼斧神工。这种现象被科学家称为"树冠羞避"。

　　早在20世纪20年代，树冠羞避现象就引起了人们的关注，时至今日，依然是生态学的研究热点。为解释这一现象，科学家先后提出多种假说。其中一种认为，树冠的分离是为了避免虫害蔓延，其依据是食叶昆虫的幼虫以及一些蚁群，能够通过交叉的树梢在树木个体之间来去自如，树冠的间隔增大相当于阻断了这一路径。

　　由于树冠羞避通常发生在同一树种之间，一些生态学家提出，树木以此来优化光照条件，从而提高光合作用的效果。实现这种群体共赢的方式，依赖存在于植株叶片中的光线感应机制。叶片通过光敏色素中的光感受器接收反向散射的远红外线，估测和旁边树木的距离。一旦间距过小，树木生长需要的光照就会不足，所以植物会根据估测的距离来决定顶端的树梢是否继续伸长；与此同时，叶片还能够检测日光中的蓝光，避免在阴影处生长。这样双管齐下，树木就能够凭借光感受器探测到附近的树木并避开它们。最新科研结果也进一步支持了这种假说。拟南芥在生长时会避开同类个体，为彼此保留必要的生存空间；而对邻近的其他种类的植物，则无所顾忌地遮住对方，与之争夺光照。

　　还有一种假说认为，树冠羞避是为了保护树梢不受损害。澳大利亚林务员雅各布曾在1955年出版的《桉树生长习性》中，详细记录了他对桉树树冠羞避现象的观察。他发现桉树对叶片的磨损十分敏感，为避免无谓的生长损耗，树与树之间便形成了空隙。此外，也有其他科学家发现，在常年刮风的地区，高处的树梢如果距离太近，很容易在起风时相互交缠在一起，发生缠绕摩擦甚至被折断。相对植株的其他部位，树梢的生长速度更快。由于长期在风中受到摩擦损伤，树梢的横向发展便受到抑制，从而导致相邻植株树冠顶端之间的距离逐渐形成。从这个角度来说，树冠羞避也是植物应对不良气候的一种适应机制。

沙漠里的古老"冰箱"

佚　名

　　古人的智慧往往超乎我们的想象。你能想象在没有电的年代，沙漠里有"冰箱"的存在吗？公元前400年左右，在波斯，也就是现在的伊朗高原地区，人们就已经建造出了"冰箱"。

　　这些古老的"冰箱"分为地面和地下两个部分，地面部分是一个穹顶，形状类似冬天戴的毛线帽，由黏土、沙子、山羊毛和石灰混合而成的泥浆制成，可防水，顶部有一个通风口，地面有一个小门形状的入口。南面建造一堵东西走向的墙，以减少太阳的照射。地下有一个十分宽敞的储藏室。人们从地下水道将水引入地底，一夜就能够结成冰，若是从山上运些冰块放进去，结冰需要的时间更短。

　　沙漠地区水资源稀缺，而"冰箱"的存在很大程度上缓解了当地人的缺水状况，而且他们还用"冰箱"冷藏食物。这种独特的建筑至今仍保存完好。理论上，中亚的沙漠地区、美国西南部、中国西北部都可以借鉴这种方式，建造环保且可持续利用的"冰箱"。

·摘自《读者》（校园版）2018 年第 8 期·

"翠微"其实是山腰

刘绍义

最早见到"翠微"一词,应该是在李白的《下终南山过斛斯山人宿置酒》一诗中:"暮从碧山下,山月随人归。却顾所来径,苍苍横翠微。"对后两句的解释,大都是:"回头望望刚才走过的山间小路,苍苍茫茫笼罩在一片青翠中。"

其实,这里的"翠微"应该解释为"山腰"。苍,是指深绿,比青翠还要绿。古代诗文中,翠微本来就是指山腰幽深处。《尔雅·释山》里说:"未及上,翠微。"怕大家不明白,郭璞又注曰:"近上旁陂。""未及山顶",当然是山腰。由于植被茂密,山腰多隐藏于翠绿深处。"微"就是藏匿、隐蔽,《左传·哀公十六年》有"其徒微之",与《礼记·学记》"微而臧"中的"微",均是此意。

山腰是大山的关键之处，这里植被茂密、风景优美，所以也是神仙和隐士的首选之地，唐代那个叫许宣平的神仙，就在山腰生活了一辈子，据说活了几百岁。

李白的另一首诗《赠秋浦柳少府》中的"摇笔望白云，开帘当翠微"，宋代司马光《和范景仁谢寄西游行记》中的"八水三川路渺茫，翠微深处白云乡"，以及岳飞的《池州翠微亭》中的"经年尘土满征衣，特特寻芳上翠微。好水好山看不足，马蹄催趁月明归"等，这些"翠微"都应该是指山腰。

当然，随着时间的推移，"翠微"的意思也有了变化，有人用它泛指青山了。唐代高适《赴彭州山行之作》中的"峭壁连嶂峒，攒峰叠翠微"，《西游记》第九回中的"喜来策杖歌芳径，兴到携琴上翠微"，以及毛泽东《答友人》中的"九嶷山上白云飞，帝子乘风下翠微"等，这些"翠微"已经用来指代整座大山了。

·摘自《读者》（校园版）2018 年第 10 期·

生态建筑——美丽新安居

臧　地

　　当今世界，人类的生存发展与全球环境之间的矛盾愈演愈烈，生态危机几乎到了一触即发的程度。因此，人们越来越注重可持续发展，许多城市也纷纷提出了建设"生态城市"的规划。"生态建筑"则是"生态城市"建设中关键的一个方面。我们经常听到，也经常提到"生态建筑"和"生态小区"，那么这些建筑是如何实现"生态"的呢？

建筑生态与否跟绿化无关

　　许多人理解的"生态建筑"和"绿色建筑"，就是环境优美、鸟语花香、绿树成荫的建筑环境。这其实是一种误解，真正意义上的生态建筑跟绿化基本上没有什么关系。比如美国的生态建筑标准，是一个叫做

"Leadership in Energy and Environmental Design"的认证体系,翻译成中文,大致意思是"能源和环境领域的领先设计"。它追求的是在建筑的整个建造和使用期限内,在完成建筑功能的前提下,能源的消耗和对环境的影响尽可能小。像我们看到的许多所谓的"高档小区",种植名贵花草,需要高昂的维护费用,虽然非常"绿色",但是需要消耗大量的能源和水,反倒不符合"生态建筑"的理念。

生态建筑的他山之石

我们现在居住的大多数房屋是由烧制过的砖作为墙体材料,用化学加工而成的涂料粉刷墙壁和屋顶。这些材料在制造过程中会产生一定的污染。科学工作者研究发现,采用没有烧制过的砖产生的污染只相当于普通砖的0.2%,污染程度差别非常大。而且这些没有烧制过的砖主要是用泥制造的,泥土在大多数地区是最廉价、最易取的,不需要长途运输就可以就地取材。也许有人疑惑,用泥土建造房屋是在农村干的事情,也只能建造平房,房屋的使用时间不宜太长,即使钢筋混凝土建造的房屋都有坍塌的时候,更何况是泥土建造的楼房,如今在繁华的大都市里肯定没有市场。这种顾虑不无道理:没有烧制的砖确实强度不够,然而科学家应用新的技术将其处理之后,其强度足以建造一般的低层住房。许多国家,特别是一些发达国家对生态建筑非常感兴趣,逐渐回归自然,比如日本、荷兰、英国、美国、瑞典等国,纷纷开展生态建筑计划。

20世纪80年代,美国芝加哥市就建成了一座雄伟壮观的生态大楼。在原来应设置墙壁的位置上移种植物,把每个房间隔开。人们称之为"绿色墙"和"植物建筑"。这种生态型植物墙的施工并不复杂,就地取材,以树木为主材,采用经过规整的活树木来做"顶梁""代柱"和"替代墙体",

应用流行的"弯折法"和"连接法",建造出造型新奇的住宅和办公楼。在这种植物建筑里,每天都树木葱郁、绿草如茵、空气清新、景色宜人,人们仿佛置身于绿色的大自然中。

　　高明的建筑师还能够把生态建筑营造成一种奇特的、出乎常人预料的、漂亮豪华的建筑物。美国华盛顿世界资源研究所新设计出了一种绿色办公室,全部采用有利于环境保护的建筑材料。地板大多是用栓皮棉的树皮做的——大家放心,这种树的树皮被剥去后,树不会因剥皮而死亡,还可以再生。用这种树皮做成地板后,脚踩上去的感觉非常好。此外,也有一部分办公室房间的地板是用竹子压制的,竹子生长得极快,砍掉后不久,很快就会长出更多的新竹子。还有些办公室的地板上虽然也覆盖着地毯,但是,这些地毯与众不同,它不含任何有害的化学物质。在这种绿色办公室里,办公桌柜是利用粉碎后的葵花子壳制成的,门是用麦秸压制而成的,漂亮、高雅。绿色办公室还选择了更加节约能源的照明和其他电器设备,并改进了通讯系统。新的可视通讯设备,可使办公室的工作人员在不同城市之间直接面对面地交谈,既可以大大减少出差时间及差旅费,又能减少汽车或飞机向大气中排放的有害气体。

　　这些例子已经给我们做出了榜样,洁净的环境、奇妙的生态建筑是可以和繁华的都市并存的。我们期待着,不久以后中国的城市也会有一座座美丽的生态建筑呈现在我们的面前,成为我们的美丽新安居。

·摘自《读者》(校园版)2012 年第 15 期·

1亿年后地球上可能出现的新物种

梦　飞

幽灵水母

生活环境：浅海区

特征：群居，身长约9米，触角长达3米。

幽灵水母的祖先是葡萄牙一种古老水生物，貌似水母，事实上是聚集在一起的珊瑚虫。幽灵水母看起来像是扬帆的海上气垫。在无风的情况下，"帆蓬"失去作用，它们可以通过淹没于水下的胸骨喷射出水柱来实现自我驱动。它们利用触角捕捉猎物、消化食物。在食物匮乏的情况下，它们也能从海面上获取海藻以汲取能量。它们进化出一套复杂的感官系统，可以清楚地分辨出食物和危险物，这套感官系统还可充当导航系统，用于测量风速和确定太阳的方位。

蓝色风速巨鸟

生活环境：高原

特征：拥有 4 只翅膀，其中两只长在背上用于高空翱翔，另外两只则长在腿部，有助于它们在树林中穿梭。

蓝色风速巨鸟的祖先是鹤。为了寻找一块没有掠食者的地方筑巢、产卵，蓝色风速巨鸟每年都要在海洋区域和高原地区往返飞行。它们将大多数的时间都花费在飞行上面，甚至连打盹儿也是在飞行中同步进行的。狭长的翅膀有助于它们在高空飞翔，当它们放慢飞行速度、降低飞行高度时，第二对翅膀就派上用场了，特别是在树林中飞行时，其灵活性显著增强。在蓝色风速巨鸟头部两侧还有一对小翅膀，能够让它们在飞行时更好地控制身体。长期的高空飞行让它们容易受紫外线的高量辐射，从而引起突变。为了防止紫外线辐射，蓝色风速巨鸟进化出特殊的蓝色羽毛和附膜的眼球。它们的主要食物是银蜘蛛。

银蜘蛛

生活环境：高原

特征：能分泌出最强韧的蜘蛛丝，长达 24 千米。

银蜘蛛由现今的蜘蛛进化而成。蜘蛛主要以其捕猎和跳跃技能著称，但这些并不是它们的"社会技能"。现有的 3 万种蜘蛛大多数是侵略好斗和独来独往的，未来的银蜘蛛则是群居生活的，蛛群由一只女王蜘蛛统治。银蜘蛛共同努力的结果是，崇山峻岭间布满了巨大的蜘蛛网。这些蜘蛛网虽然可以捕捉昆虫和小鸟，但事实上更多的是用来收集植物种子（每天可达 1 万粒）。银蜘蛛每天花费大量的时间来收集网上的种子，然后带回集中存储。银蜘蛛利用这些种子喂养波谷乐，将波谷乐养肥之后供银蜘蛛女王享用。银蜘蛛明亮银白的外表能反射危险的紫外线。

波谷乐

生活环境：高原

特征：地球上仅存的哺乳动物，只有 10 厘米长、30 克重。

这种居住在山洞中的小型啮齿动物将是地球上最后的哺乳动物。毛脸、圆耳和大眼睛的波谷乐只有 10 厘米长，以银蜘蛛收集的种子为食。一旦波谷乐长到足够肥胖的时候，就会成为凶残的银蜘蛛女王的腹中美食。

沼泽章鱼

生活环境：孟加拉沼泽

特征：重 18 千克，可在无水的环境中存活 4 天。

沼泽章鱼是由现今的章鱼进化而成的，重约 18 千克，可以在无水的条件下存活。在它们体内有特殊皮层，可以储存足够 4 天用的氧气。这样，即使离开水，沼泽章鱼仍可以存活 4 天。行走时，八足沼泽章鱼会竖起并挪动其中的 4 只触手，由此可以减少接触地面的躯体的拖曳力。与它们的祖先一样，毒液仍然是沼泽章鱼对付掠食者的强大秘密武器。

暗礁滑鱼

生活环境：浅海区

特征：以海藻为食，依靠长而明亮的彩色腮进行呼吸。

暗礁滑鱼由少壳软体动物海蛤蝓进化而成。暗礁滑鱼色彩鲜艳、身体圆鼓，利用鳍和彩色尾巴游动。它们在无脊椎的躯体上进化出三对鳍，交互划动以游动，这样可以轻松地避开掠食者的追击。它们拥有一套高效的导航系统，能以铵离子替换出体内的重钠离子，这使得它们呈现出臃肿的形态，而这有助于它们漂浮在海面上。暗礁滑鱼与红藻是共生关系，前者以后者为食，后者则依靠前者繁殖后代。

放电鱼

生活环境：孟加拉沼泽

特征：长达 4 米，以伏击的方式等待猎物送上门，然后放出 1000 伏特的电压击晕对方。

体长 1 米、发电电压仅 600 伏特的电鳗是放电鱼的祖先。长达 4 米的放电鱼，其粗糙的皮肤以及脸部和嘴角上的胡须看起来酷似横倒在沼泽地上的烂树干。它们进化出自我保护和捕获猎物的技能，并在皮下形成一层刚硬的物质以保护体内组织。它们能放出 1000 伏特的瞬间电压，使猎物或者掠食者顷刻间麻痹、瘫痪。它们生命力顽强，通常饱食一顿就可以维持一周的体能，其食物主要是沼泽章鱼。

巨龟

生活环境：孟加拉沼泽

特征:陆地上最庞大的动物，重达120吨，每天可吃掉600千克的植物。

巨龟是由现今的加拉帕戈斯象龟进化而成。由于庞大体形上的优势，它们的背部甲壳已失去了原本的保护作用并逐渐退化，但是仍保留了一些硬甲用以保护脆弱的肌肉部位。巨龟是地球上有史以来最大的动物之一，体形甚至超过任何恐龙。其体重约120吨，站立时身高约7米。每只巨龟每天要吃掉600千克植物，它们拥有一套特殊的消化系统，强健的胃用于碾碎食物，充满活性菌的肠子用于消化草本食物。

· 摘自《读者》（校园版）2018年第10期 ·

像鱼群一样"行驶"

董阳阳

在中国的高速路上，车速超过每小时 100 千米时，同车道的车就得保持 100 米以上的距离；而低于这一车速时，最小间距要保持在 50 米。然而，在大海中，高速行进的鱼群可不需要这样。鱼儿们彼此挨得非常近，还会模仿周围鱼的动作，保持集体同步运动，它们怎么就不担心"撞车"呢？

这是因为鱼能凭借长测线器官察觉出周围水压的微小变化。这种线型的传感器非常灵敏，能够将环境变化信息迅速传递到中枢神经系统，使鱼迅速反应。鱼的这项高超本领启发了日本科学家，他们发明了一款叫作 EPORO 的机器人。

EPORO 机器人用激光和无线电波测量彼此的距离，同时分享彼此之间的位置信息，能在近距离的高速行进过程中，不与其他机器人、环境中的障碍物发生碰撞，非常灵活。在未来，这项技术还有一个更大的用途——自动驾驶汽车。

全球每年死于交通事故的人数是 130 万，除了造成人员伤亡外，道路养护成本、保险索赔和应急救助服务还会花费数十亿美元，大多数交通事故是由于驾驶人员操作不当引起的。假如将 EPORO 机器人的这项技术应用到无人驾驶汽车上，红绿灯和路标将没有存在的必要，而交通事故和交通拥堵发生的概率也都将大大降低。

·摘自《读者》（校园版）2018 年第 10 期·

植物未来竟会有这些妙用

郝　旺

植物变身"矿工"

你知道吗，未来的植物能代替在矿场中辛勤劳动的工人，为人类采矿。

植物怎么采矿呢？原来，植物的根系可以将地下的各种矿物质吸收到体内，然后在体内沉积下来。例如，很多植物，甚至包括玉米，都被发现能在叶片中累积黄金等金属矿物。

当然，现在的植物对矿物吸收和累积的能力还很弱，而且很多矿物埋藏的底层很深，现有的植物根系达不到矿藏所在的地层。但是，科学家们可以对植物进行改造，让植物的根系更加发达，延展到更深和更广的范围；同时加强植物根系对矿物的吸收能力，并且让植物能忍受吸收进体内的高浓度矿物成分，便于人类的分离和提取。

这样，只要在矿藏区域种植"采矿植物"，就能源源不断地从植物的叶片、枝条内提取出有用的矿物，人们再也不用挖掘充满危险的矿洞，或者用有害的溶液去提取矿物了。

此外，这些"采矿植物"不仅能用于采矿，还能用于清洁被重金属污染的土地，植物也可以吸收那些有害的金属元素重新为人所用，达到"变废为宝"的目的！

快速转化为能源

煤炭和石油，是远古时期树木和浮游生物被埋藏在地下，经过亿万年的地质作用变化而来的。植物要变成能够使用的能源，需要很长的时间。科学家们试图让植物能快速转化为能源。

例如，科学家通过改造植物光合作用和糖类合成的过程，让植物更有效地进行光合作用，更快地累积糖、纤维素等成分。不过，纤维素构成的木材除了燃烧之外，很难被利用，因此，科学家又在如何对付纤维素上下功夫。他们改变纤维素的微观结构，让纤维素能更快速地被酶降解为小分子的糖。这样一来，植物就能为乙醇发酵提供更多、更廉价的糖，而乙醇，则是很好的能源物质。

同时，科学家们还能让植物不需要太长时间就能产出"石油"来。石油是很多碳链长度不同的烷烃，以及其他含碳化合物构成的混合物。而很多植物也能合成与石油相似的脂肪酸酯。由于这些脂肪酸酯的特性和柴油非常接近，因此，又被称为"生物柴油"。在能够产生"生物柴油"的植物中，数微小的藻类产能最强。据测算，每公顷水域的藻类，能够产出超过1.6万升的生物柴油。

可以想象，未来只需在贫瘠的土地上种植能源植物，或在人工水池中养殖能产油的微藻，就能将原本不能利用的土地变成"煤田"和"油田"。同时，减少使用化学燃料，也能让我们的环境更清洁。

植物电池能发电

植物能直接提供最容易被利用的能源之一——电能吗？答案是肯定的。

光合作用的第一步，就是光能转化成电能的过程。植物利用光合色素和光合蛋白，将光的能量传递给水，从而将水分解成氧气和质子，同时产生电子。一般情况下，质子、电子被用于和二氧化碳一起合成糖类，但是经过科学家的改造，可以将这些质子和电子重新以氢气的形式释放出来，这样植物就被改造成一个高效的水的分解器，产生的氧气和氢气可以通过燃烧或者燃料电池等转化为电能。更进一步，还可以将植物产生的电子汇集起来，形成"植物电池"供人类使用。

净化空气更高效

环境污染是大家都关心的问题，而植物是天然的"空气净化器"，这一点大家应该是知道的。不过未来植物的净化效率将会更高。

植物本身可以降低空气中的粉尘含量、吸收有害气体等。未来，经过科学家改造的植物更能发挥优势。例如，叶片上长出更多、更细的毛，除了过滤空气中的较大粉尘外，还能直接减少空气中的PM2.5颗粒的含量；植物的气孔活动和其他生理机能发生改变，能更有效地吸收工厂、汽车尾气排出的二氧化硫、氮氧化合物等有害气体，并将它们转化为植物自身生长的养料。

食物离产地越近越好吗

岑 嵘

如果看过纪录片《舌尖上的中国》，你或许会相信最好的食物一定是在原产地。片中有这样一段优美的解说词："（临安）雷笋季节结束，属于山里人的美食故事才刚刚开始。残枝败叶下，泥土裂开一条细缝，笋头将出未出，这就是非常稀有的黄泥拱，一座山头或许只能找到三四棵，但它的肉质比任何春笋都细密爽脆，甚至有类似梨子的口感。更为奇妙的是，黄泥拱出土后品质随时间迅速退化，从收获到加工，必须以分钟计算。"

临安吃到的时令鲜笋的味道，也许比别的地方吃到的都好，那么其他食物呢？新疆本地买到的哈密瓜、阿克苏苹果、库尔勒香梨，天津买到的鸭梨，海南买到的芒果和椰子……在当地买的比其他地方买到的更好吃吗?

答案也许会让你大吃一惊。从经济学的角度来说,很多食物离原产地越远,质量越好。这究竟是怎么回事呢?

美国经济学家阿门·阿尔奇安曾提出一个问题:佛罗里达州盛产柑橘并销往全国,但是为什么在纽约出售的柑橘质量普遍要比佛罗里达州出售的柑橘质量好?对这个问题,阿尔奇安是这样解释的:好柑橘和坏柑橘的销售价格中都包含运输费用,既然运费是固定成本,当然卖质量好的柑橘更划算了。这样,纽约的消费者就会花高价买进更多的好柑橘,而这又会反过来刺激零售商加大好柑橘的供应量。

阿尔奇安的学生把这个现象称为"柑橘原则"。食品商既然要长途贩运,且付出的运费是相同的,他们当然要挑最好的水果贩卖。这种现象不单表现在佛罗里达州的柑橘上,华盛顿出产的苹果质量最好的都被运到了东海岸(又称"华盛顿苹果现象")。再比如,我们在超市里看到的进口水果都是大小统一、色泽诱人的,本地出产的水果却常常带有疤痕、外观普通。

这个问题其实在《舌尖上的中国》中也已经给出答案:"(迪庆)松茸收购恪守严格的等级制度,48个不同的级别,从第一手的产地就要严格区分。松茸保鲜的极限是3天,商人以最快的速度对松茸进行精加工。这样一只松茸在产地的收购价是80元,6小时之后,它就会以700元的价格出现在东京的超级市场……"在东京吃到的松茸一定比迪庆菜市场里买到的好,因为只有最好的松茸才值得被挑选出来千里迢迢地运往日本。

除了食物,我们在生活中也会遇到这个现象。《财富》杂志的编辑丹·塞里格曼在撰写一本有关赌博的书时,经过实地观察发现了一个规律:从远方来到拉斯维加斯的赌客比附近来的赌客输钱更多。同样，我们也会发现那些在精品商场大肆购物的常常是远道而来的客人。这里的道理和"柑橘原则"一样，既然客人付出高额的飞机票和酒店费用，那一定会在赌场里多玩两把，或者在购物大厦里多买几个包包。

·摘自《读者》（校园版）2018 年第 22 期·

泥土去哪儿了

陆春祥

1

在我读到美国学者戴维·R·蒙哥马利的《泥土：文明的侵蚀》一书前，我一直没有想过这样的问题：我脚下的泥土是从哪儿来的？

泥土从哪儿来，是地球生成的时候就有的吗？不是的。40亿年前，地球表面的温度接近沸点。也就是说，那个时候的地球上并没有土地，只有岩石。幸运的是，这些岩石上生长着一种嗜热细菌。如果你要问我，这种细菌是从哪里来的，我没法回答你，科学家也没法回答你，你硬要问，就会进入"先有鸡还是先有蛋"的圈子里去了。总之，这种细菌就那样存在着。嗜热细菌干些什么呢？它们没闲着，由于它们的辛勤工作，几十亿年下来，许多岩石转变为原始土壤，它们还消耗掉大气层中的二氧化碳，使得地球的温度下降了30℃到40℃。这些能生产土壤的细菌是地球的功臣，没有它们，地球永远无法成为可居之地。

达尔文一生写了16本书，最后一本《腐殖土的形成与蚯蚓的作用》，是研究蚯蚓如何将灰尘和腐烂的树叶变成土壤的。这位致力于昆虫及植物研究的专家在自己家门前发现：地面上每隔一段时间，就会出现新的地表物质，是被蚯蚓拱上地面的。这些物质，与那些灰渣覆盖下的细土极其相似，地底下的蚯蚓到底在干什么呢，它们是不是在慢慢制造土壤？

自然，这是一个疯狂的想法。达尔文开始在罐子里养蚯蚓观察。他尝试不同的蚯蚓喂食方法，并测算它们究竟能在多长的时间里将叶片和灰土转变为土壤。最后，他得出结论：全英国的菜地，已经被蚯蚓的肠道，一遍遍地吃进和排出。这个结论明确地告诉人们，蚯蚓是土壤不断累积的最大功臣，是数百万年时间尺度上重塑土地的主要力量。

当然，用现代的视角仔细观察一下就知道，造土大军中不只有蚯蚓，还有许多穴居动物，如地鼠、蚂蚁、白蚁，它们都会将岩石碎屑混入土壤。许多植物的根系也会将石头撑开。你看，悬崖峭壁上，往往长着许多生命力旺盛的植物。此外，在风化作用下，许多岩石终将变成颗粒。岁月会让它们消解，化为土壤。

2

土壤是我们的生命所依，循着这个思路，我想到了许多。

中国最早的农民，应该是被黄河两岸大片冲积平原上的肥沃土壤吸引而来的，就如同游牧民族的逐草而居一样。我们完全能想象，先民们顶着冰川时代的寒风，闻着那诱人而又健康的泥土的香气，用自制的石器在生命的味道里劳作，尽管"草盛豆苗稀"，但总归还是有些收成。

司马迁的《史记·夏本纪》写了夏禹辛勤治水的故事。那个时候，天下初分九州，大禹治水后，根据 9 种不同的土壤等级来确定赋税。比如，天下第一州——冀州，那是帝都，土质最好，色白而松软，被定为上上，也就是第一等；比如青州，大海到泰山之间，海滨一带的田地多是盐碱地，田地属上下，即第三等，赋税属中上，即第四等。

这种科学管理土地的办法逐渐形成了制度。商朝出现的井田制就是由此发展而来的。井字形状，中心一块为公田，其余 8 块为私田，耕种私田时，必须带上公田，这样公私可以兼顾。这其实是一种比较乌托邦式的土地制度，大大小小的奴隶主，怎么会满足于只有中间那一块地呢？

戴维也举例，亚里士多德的学生泰奥弗拉斯托斯，将当时的希腊土地分为 6 种不同的类型，分类的依据是核心土层之上富含腐殖质的、能为植物提供养分的表土层的深浅或肥瘠。我判断，他应该是一位早期优秀的农业科学家，因为他的分类已经非常科学了。

千百年来，世界各地都流传着各种关于泥土的故事。

《左传》记述晋公子重耳流亡时和随从狐偃经过卫国，卫文公并没有以礼相待。他们在五鹿这个地方，饿得只好向乡下人讨饭吃，乡下人却捧了一块土给他们。重耳见此大怒，要用鞭子打那个人。狐偃劝道："这是上天在赏赐我们土地呀。"重耳一听，立即磕头致谢，收下土块。

1500 多年后，差不多的场景出现在了英国。1066 年，威廉以诺曼底公爵的名义夺取英格兰王位，率领一大批追随者从英吉利海峡登陆英格兰南部。威廉从海滩上岸时，不慎跌倒在地上，他急中生智，抓起一把土高声呼喊："我拥有了英国的土地！"

泥土是百姓的衣食父母，更是王侯们的野心所在。

3

从地球的成长史中很容易得出一个结论——土壤不只是用来种植作物的，它还是一个十分严密的生态系统。泥土、植物、水，互相依存，你怎么对待它们，就会得到怎样的回报，它们终将影响到人类自身的生存。

人类看中的土壤起初都十分肥沃，但任何沃土都有地力耗尽的时候。与普通的粮食作物相比，烟草会从土壤里吸收 10 倍以上的氮、30 倍以上的磷，耕种过 5 年的烟草种植地，会因为土壤的营养缺失而长不出任何东西。随后，化学的力量在很大程度上短暂恢复了土壤的肥力，但化肥的滥用，在不知不觉中破坏整个大自然的平衡。

巴尔扎克写过一本叫《奥古斯特·博尔热的〈中国和中国人〉》的书，这是他读了法国人奥古斯特·博尔热写的《广州散记》后写的一些感想，其中就谈到了土壤：从前，人们以为中国有一片国土，其腐殖土深达 15 法尺到 20 法尺（法尺为法国古长度单位，1 法尺 ≈ 33 厘米），学者解释说，在地球运转中，中国周围的大山流失的土壤都被卷到了那里。看起来这样的土壤的肥力是用之不竭的，但是，只要看美国人很快就耗尽了一些城市周围腐殖土的资源，如今乌克兰肥沃的土壤也被消耗过度，人们就该明白，土壤的肥力并不是无限的。

但人类一直将土地当成阿里巴巴的宝库，只管取钱，不问存款。"但存方寸地，留与子孙耕。"那只是写在书里、挂在墙上的格言而已。

4

蝴蝶效应告诉我们，一个人无法阻止沙尘暴，却可以启动它。

大自然用一个个非常极端的案例来告诫人类勿滥用土地。

戴维举的这个例子尽管发生在他父亲出生的那个年代，但仍然让人触目惊心：1934 年 5 月 9 日，美国蒙大拿州和怀俄明州的土壤，被狂风撕碎后卷入空中。狂风裹挟着 3 亿多吨的土壤，以每小时 100 多英里（1 英里 ≈ 1.61 千米）的速度向前推进，在芝加哥，每个人的头上落下了平均 4 磅（1 磅 ≈ 0.45 千克）重的尘土，纽约州东部的布法罗，中午时分陷入一片黑暗。至 5 月 11 日傍晚，纽约、波士顿、华盛顿都有大片尘土。目击者说，从遥远的大西洋海面上望过去，天空中满是巨大的棕色乌云。

严格说来，这不是沙尘暴，应该是灰尘暴，不，是泥土暴。造成这一灾害的原因，就是现代化的耕作方式使土壤被侵蚀得越来越厉害，土质疏松，表土流失严重，再加上干旱、风暴等恶劣气候，土壤就会在风力作用下在空中大规模迁徙。

戴维提供的研究资料表明，在不同的条件下，1 英寸（1 英寸 ≈ 2.54 厘米）土的形成需要的时间并不一样：苏格兰需要 160 年时间，美国马里兰州的落叶林地则需要 4000 年。俄亥俄州的原生草原上，每英寸的表土层需要 1000 年的时间才能形成。打个比方，6 英寸的表土层如果让雨水来剥蚀，5000 年也不会被剥蚀尽；而让人类耕作，30 多年就会流失殆尽。进一步说，以俄克拉荷马州格思里的一片沃土为例，如果种植棉花，50 年时间就可以将 7 英寸厚的表土层剥蚀，而生长天然牧草，则可维持 25 万年以上。

我觉得，上面的数据完全可以用来解释今天我们身边的土壤恶化现象。中国的许多草原，为什么没有以前绿、厚，而且还不断沙化？原因很简单：开发过度。

你认为绵羊很温柔吗？错了。19 世纪时，小小的冰岛有 50 万只绵羊漫步于乡间，荒原上见不到一棵树。气候恶化，过度放牧，水土流失自然愈加严重。如今，只有约 4 万平方英里（1 平方英里 ≈ 2.59 平方千米）的冰岛，有 3/4 的面积受到水土流失影响，7000 平方英里的土地变得毫无使用价值。

其实，遇到同样问题的并非冰岛一国，全球有 1/10 的土地正在沙漠化。

5

我们不要被资源不会枯竭或资源可以替代的假象所迷惑。

乐观主义者说，地球至少可以维持 400 亿人口的生存。悲观主义者告诫，地球满打满算只能承载 100 亿人口，或者 150 亿人口（前提是通过光合作用制造全部有机物）。无论哪种观点都只是假设，而现实是，21 世纪末，世界人口即将达到 100 亿，看看现状就知道，这个世界至少还有上亿人口生活在饥饿中。如果再碰上像好莱坞大片中虚构的那些灾难，许多人就不会这么乐观了。

因为，我们正在耗尽泥土。

张伯伦警告人类：如果土壤消失，我们亦将消亡，除非我们能找到以岩石为生的方法。

泥土去哪儿了？但愿就在我们脚下，而不是随风飘逝，逐水奔流。万物源于泥土，终将再次化为泥土。

说是这么说，但我和戴维一样，依然万分担忧。

·摘自《读者》（校园版）2018 年第 24 期·

水果为什么是"圆"的

一 凡

　　我们见到的各种各样的水果，几乎都是圆的——圆球形的、椭圆形的、圆柱形的……为什么水果是圆的，而不是方的呢？一次，我问一位植物学家。

　　植物学家告诉我，在所有体积相等的物体里，圆球形的表面积最小，正因为圆球形的表面积最小，水果把自己长成"圆"的，其表面水分的蒸发量就小，有利于水果的生长发育。

　　植物学家告诉我，正因为圆球形的表面积最小，水果把自己长成"圆"的，害虫在水果表皮上的立足之地就小，自然也就减少了病虫灾害。

　　植物学家还告诉我，正因为水果是"圆"的，所以风不管从哪个方向吹来，都会沿着水果表面的切面掠过，受影响的只有很小的一部分。

同样，正因为圆球形的表面积最小，当风暴来袭时，风暴袭击水果的面也就最小，这样，风暴对水果的伤害也就降到了最低程度。

原来，水果把自己长成"圆"的，是为了最大限度地"缩小"自己的外表，从外表"缩小"自己，那是一种内心的智慧和强大。

·摘自《读者》（校园版）2014 年第 4 期·

空气的力量

佚　名

空气，这种看不见的物质，我们每时每刻都在免费获取。但事实上在物种进化和人类进化的历史上，空气扮演着至关重要但又不为人知的角色。

空气的这些作用往往与我们印象中的相反。比如，大家都觉得植物多了，空气就好了。那些叶绿素都在积极地进行光合作用，吸收二氧化碳、释放氧气。但在远古时期，当陆地上第一次大面积出现植物时，造成了远古海洋生物的大灭绝。这是为什么呢？

大约4亿年前，属于地球的早泥盆纪，海洋中已经有了各种生物。

这时候，赤裸的陆地上第一次出现了大规模"植树造林"的"绿化"运动，海中的植物爬到了陆地上并大量繁殖。这是一种远古的裸蕨类植物。

　　这大片的绿色植物，因为没有陆地动物来啃食，所以很快占领了整个大陆。结果使当时整个地球空气中氧气含量上升，这直接导致了海洋水面上层漂浮着的藻类大量繁殖。藻类多了，藻类和分解藻类的细菌会消耗水中的大量氧气，整个水面下所溶解氧量就急速下降。于是，远古海洋中的鱼类就遭了灭顶之灾。

　　所以，空气这一看似得来全不费工夫的免费物质，其实是物种进化计划中的狠角色。物种的生死存亡，往往就取决于空气成分中的一点点的变化。

　　海里的远古鱼类，我们其实还都比较陌生，它们的灭绝对我们而言似乎也就是一个故事而已。但有一个物种，它的灭绝却和我们的命运息息相关，那就是恐龙。

　　恐龙在地球上称王称霸的年头，可比人类长多了。从三叠纪中期恐龙开始出现，到白垩纪晚期，恐龙"统治"了地球一亿多年。但这批霸主说灭绝就灭绝了。往大了说，它们的灭绝是陨石撞击的结果。但事实上，陨石撞击之后，不少物种都存活了下来。

　　恐龙之所以难以存活，在于恐龙赖以生存的远古空气，与现在地球的空气是有很大差异的。当时空气的含氧量高达30%左右，而现在的空气含氧量是21%。

　　事实上，如果今天的人类穿越到恐龙时期去，通常都会醉氧。氧气含量这么高，也是恐龙能肆无忌惮地长得那么高大的原因之一，比如体型最大的霸王龙，有三层楼那么高。但在那次陨石撞击之后，大气中长时间充满了灰尘，高大的远古蕨类没法进行光合作用而大面积死亡，进一步导致空气中的含氧量下降。

　　恐龙不但吃不到足够的食物，甚至连呼吸都难以进行了。

终于，个头小了好几个尺码的哺乳动物因为不需要那么多的氧气，适应低氧量的空气环境，从此繁衍扩张开来，成了陆地的主人。空气中含氧量的一次变化，消灭了一个巨大物种，开启了一种全新的小型智慧物种的繁衍进程。

从近期的人类文明进化来说，所有重要的现代文明都来自温带甚至寒带，比如许多文化的源头都在欧洲、东亚这些地区，而赤道附近的热带地区，并没有产生多少重大且影响全球的文化形式。这与当地的气温，以及当地人的作息和生活方式有着极大关系。社会学家马克斯·韦伯就曾经指出，赤道两侧的热带地区，由于当地气温始终偏高，导致当地野生的植物种类丰富，一年四季都有果实可供直接采摘食用，而酷热的天气也让人减少了投入劳动的时间与精力。所以居住在热带的人类，生活方式更顺应自然环境的变化。而居住在温带和寒带的人类则发明出了更多改造自然的工具，发展出了更复杂的文明形式。比较低的温度，成了文明的一种催化剂。

·摘自《读者》(校园版) 2020 年第 10 期·

自然界的射击手

罗婧洋

炸弹树——铁西瓜

我叫"铁西瓜",是著名的热带观果植物。我的果实外观青绿光亮,极像一个绿色的大西瓜高高地悬挂在树干上。我诱人的外观让无数前来观赏的游客垂涎欲滴,但馋嘴的你们可别打我的主意。我的外形虽然好看,果实却不可食用,我的果肉黏稠且有异味。当果实成熟时,我的果壳会自动炸开,并发出声响,锋利的碎片四处飞射,如同一颗小型手榴弹。炸开的碎片最远可飞出 20 多米,我以此散播种子。

远程炮弹——喷瓜

我是自然界的"远程炮弹手"喷瓜。我的果实酷似大黄瓜。我的种子不像大家常见的瓜果那样埋在瓜瓤中，而是浸泡在黏稠的浆液里。当果实渐渐成熟时，包裹着种子的多浆组织会慢慢变成黏液，充满果实的内部。随着果实内黏液的增多，果皮所承受的压力也日渐增大。当果柄终于承受不住压力时，我便脱离果柄，跌落地面。在落地的瞬间，果皮内的黏液会带着种子立刻从果柄脱落的洞口飞到几米以外的地方。这样的场面犹如炮弹出膛，大家也因此称我"铁瓜炮"。

催泪弹——马勃

我叫马勃，多生长于园中久腐处或湿地腐木上，外形千姿百态，有的小巧如高尔夫球，有的则大如南瓜。我不仅是一种营养丰富的食用菌，还是一种战斗神器呢。未成熟前为白色，此时的我味道鲜美；成熟后会变成棕色。成熟后的我要是不慎被路过的人或动物踩到，我的表皮便会猛然裂开，向外释放灰色的烟雾，让人的鼻孔和喉咙奇痒难忍，喷嚏打个不停。印第安人曾发现我的这一特点，安排我充当战场上的"催泪弹"，协助他们抗敌。当无知的敌人一脚踩在我身上时，会瞬间被浓烈的烟雾弄得泪流满面、狼狈不堪。这些烟雾其实是由数以万计极小极轻的孢子构成，成熟后的我一旦受到触碰，这些孢子便飘散到空气中，寻求新的繁衍之地。

·摘自《读者》（校园版）2019 年第 7 期·

可以种植的铅笔

尹成荣

铅笔也可以像蔬菜和庄稼那样种在土里吗？是的，完全可以。这种特殊的铅笔种在土里，不但可以发芽、开出绚丽的花朵，还可以长出能吃的蔬菜呢，很神奇吧！

是谁发明了这种可以种植的铅笔呢？在美国麻省理工学院有三个学生，他们平时使用铅笔时，常常会发生铅笔断裂或者用到只剩下一截铅笔头无法再使用的情况，最后不得不将铅笔扔掉，这样非常可惜，也造成了很大的浪费。他们粗略计算了一下，一年之内全球所有使用铅笔的人扔掉的铅笔头或断笔有几十亿支，这是一个庞大的数目。想想这些铅笔被白白扔到垃圾箱里，这三个学生感到很惋惜，就开始琢磨如何将这些废铅笔再利用起来。

经过反复构思和实验，他们最终设计出一个绝妙的方案：在铅笔的笔端加装一个可以降解的胶囊，在胶囊里放上一些容易成活的植物种子，当铅笔断裂或是使用到一定阶段不能再用时，就将铅笔头插入土里，不久后铅笔开始萌发出新芽。只要精心养护，小芽便会茁壮成长，或是开出绚丽的花朵，或是结出累累硕果，铅笔由此焕发出勃勃生机。

发芽的铅笔一经实验成功，很快被在丹麦从事可持续研究工作的Michael Stausholm 得知了，他非常喜欢这项发明。他认为"可持续"是一个很难向消费者解释清楚的问题，而可种植铅笔"完美诠释了什么是可持续"。他找到这三位发明者，要跟他们合作，同意他将可种植的铅笔在丹麦出售。三位发明者同意了。仅仅一个春天，他们就卖出了 7 万支可种植铅笔。后来，他们又扩大营销范围，将可种植铅笔推广到整个欧洲。短短数月，就卖出了 100 万支可种植铅笔。后来，Stausholm 买断了这种铅笔的专利和产权，成了公司的 CEO。随着可种植铅笔不断为人们所接受，如今全球已有 60 多个国家在卖这种铅笔，年收入超过 1800 多万元。

后来，一个叫 Mateja Kuhar 的克罗地亚姑娘，进一步挖掘可种植铅笔的可持续性。她发现自己身边有很多朋友都在用铅笔学习或工作，铅笔的使用量很大。她就想：如何把铅笔制作的成本降到最低，原材料也换成别的，而不单单是木头？有一天，她看到奶奶用咖啡渣和茶叶渣给植物施肥，不由得眼前一亮。她在心里盘算起来：既然这些废料可以作为肥料，那么是否可以用来制作铅笔呢？有了这种想法，她就开始做实验，试验证明她的想法完全可行。于是 Mateja Kuhar 将咖啡渣、茶叶渣、枯败的花瓣压缩后制成了铅笔。她在制作的过程中发现，30 千克的咖啡渣可以制成 3000 支铅笔，在咖啡渣制成的铅笔顶部，Mateja Kuhar 也用了放入植物种子的降解胶囊。当铅笔用到一定程度不能再用时，将它种在土里就会发芽、开花、结果。

Mateja Kuhar 发明的铅笔的不同之处在于，她是废物再利用，不但节约了成本，而且更加环保，就连削下的铅笔屑，也可以作为土壤的肥料，真正实现了从头到尾 100% 绿色可持续。

· 摘自《读者》（校园版）2019 年第 7 期 ·

菠萝：我为自己"带盐"

知识嗑儿

早些年，吃过菠萝的人都知道，菠萝在吃之前得拿盐水泡一泡，不然口腔的皮肤表面容易受损。后来，一种叫"凤梨"的水果刚刚在市场里出现，就受到了人们的好评，因为它削了皮儿就能直接吃。

1492 年，一个热爱航海的青年哥伦布，受西班牙女王的嘱托，带着给亚洲君王的国书，驾着三艘船扬帆大西洋。90 多名水手经过 70 多天的航行，终于看到了陆地——美洲巴哈马群岛，但哥伦布到死都以为，这就是亚洲的印度。航船靠岸后，他顾不得其他事，拉着当地人就是一顿嘘寒问暖。在印第安人的带领下，哥伦布就像进入了一个奇幻世界，对所有的新鲜事物都格外好奇，当然，最吸引他眼球的，便是一颗颗色泽金黄的菠萝了。

伴随着新大陆的发现，菠萝就这样被带到了欧洲，开始了它的传奇之旅，在全球热带、亚热带地区被广泛种植，受到各地的好评。当时欧洲的葡萄牙人，对菠萝有一种难以言表的喜爱，经常抱着它满世界乱跑。16世纪末，葡萄牙人带它来到了中国。

菠萝初来乍到时被叫作"波罗蜜"。"波罗蜜"跟"菠萝蜜"就傻傻分不清楚了，但它们俩长得确实容易让人混淆，后来"波罗蜜"改名"波罗"，清嘉庆年间才被戴上了"草帽"，命名为"菠萝"。

菠萝传入中国后，逐渐在我国广东、福建、海南、广西、云南、台湾等地种植生长。菠萝在其他地区都规规矩矩的，唯独去了台湾，一切都变了。菠萝传到台湾之后，果农看它的绿叶长得像凤尾，果断给它改名叫"凤梨"。

后来台湾的果农对菠萝进行了一系列"惨无人道"的研究，最后成功培育出无眼菠萝。

所以说，凤梨就是菠萝，菠萝就是凤梨，在生物学界它们就是同一种水果，只是市场上会将凤梨跟菠萝区分开，目的只有一个——卖得更贵。

一般菠萝都含有"菠萝朊酶"，这种物质能分解堆积如山的蛋白质，在与口腔黏膜接触的时候，分解表皮的蛋白质，就容易刺激口腔黏膜，让人产生灼热、酸痛的感觉，而食盐可以有效破坏菠萝朊酶的过敏结构。

不过菠萝朊酶也不是一无是处，它可以解腻。吃过油腻的东西之后，来点儿解腻的菠萝，肠胃就舒服了。

20世纪70年代末，美国人通过杂交手段，培育出了菠萝新品种，并于1980年试验种植成功。此种菠萝叶子没有刺，果皮薄，果刺浅，还不涩口，不需要复杂的处理工序，去皮就能吃，遇到也可以尝尝。

私奔到月球去种菜

李斐然

玉兔：

你好！

听说你跟嫦娥住在广寒宫里寂寞无聊，关键是没什么东西好吃，怪可怜的。所以，我有两个消息要告诉你，一个好消息，一个坏消息。

先跟你说说好消息吧。美国国家航空航天局这两天公布的新计划说，他们打算到月球上种萝卜。也许等到未来的某一天，你就会发现，一个长得像咖啡罐的密封铝制圆筒飞到了你所居住的月球，那是来自地球的礼物，里面装满了植物种子。

美国国家航空航天局的工作人员给这个铝罐取名叫做"月球植物生长栖息环境"。等你见到它的时候，会发现里面架着微型照相机，一颗颗植物种子就像初次上台领奖的小朋友一样，沿着铝罐内的传感器歪歪扭扭地排成一排，扭扭捏捏地冲着相机摆 Pose。

这个铝罐有 1000 克重，里面计划装 10 粒萝卜种子和 10 粒罗勒种子，以及 100 颗拟南芥种子。在月球上，它们将一边晒着太阳，一边呼吸着存储在铝罐里的地球空气，在饱含水和养分的生长滤纸上努力发芽、生长。它们头顶上的相机会时不时给它们"咔嚓"一下，发给地球人瞧瞧它们在月球上的样子。

亲爱的玉兔，当你在月球上凝视这些发芽的种子时，地球上也会有一群孩子眨巴着眼睛，看着同样种着植物的罐子。他们是美国国家航空航天局找来的小帮手。工作人员会事先把和月球上的铝罐配置一样的设备分发给不同的学校，放进教室。对比着月球上发回的照片，他们将在地球上观察同样植物的生长状态，把每天的观察记录下来，供科学家做出分析。

说实话，想要到你住的月球上种菜，可真不容易。这次能有机会去月球种萝卜，多亏了科学家的努力和小朋友的帮忙，还要多谢谷歌公司的慷慨，他们答应在一架登月的私人航天器上腾出座位，为月球植物罐头提供"往返机票"。

这一次送上月球的植物种子主要是为了研究如何在外星球培育生命——当然，也可能是为了解决你的温饱问题——听说你在月球上的日子相当艰苦，所以我们地球人还有点担心，不知道登月后的植物能不能活下来。

月球上的条件跟我们地球完全不一样。虽然躲在密封罐里，但植物抵达月球后还得每天对抗只有地球重力 1/6 的月球重力，还得面对超新星和太阳风暴等大量宇宙射线。不过只要闯过这一关，"月球植物生长栖息环境"里的种子成功发芽、长大，或许你和嫦娥以后再不用担心饿肚子了。

要是月球植物收成好的话，科学家还计划以后种更多的菜。虽然不知道在月球上种出来的菜啥味道，但这些植物在地球上都还挺受欢迎，特别是萝卜，你的地球同类天天急红了眼睛抢着吃。等到月球萝卜大丰收的时候，你也可以尝一尝。

科学家说，如果实验真的成功，植物能够在这样一个小小的控制环境中存活下来，那么，也许有一天我们也能到月球上生活，跟你做邻居。毕竟，找到在外太空辐射和部分失重的情况下生长的方法，是在外星球创造生命的关键。

虽然一切还只是一个计划，但满怀希望的科学家已经开始琢磨，等月球萝卜真的长出秧子时，一定要给它拍照。美国国家航空航天局埃姆斯研究中心主任彼特·沃登提出，他们要将"第一张拍摄一株植物在其他星球生长的照片"珍藏起来，因为它将成为"植物界的阿姆斯特朗"。哦，对了，阿姆斯特朗就是那个在1969年坐着"阿波罗11号"到你家做客、还在月球上漫步的地球人，你还记得他吗？

最后提醒你一下，这两天又会有一个地球访客登陆月球，它是来自中国的"玉兔"号月球车。如果在坑坑洼洼的月球上，你俩恰好遇到了，别忘了跟它打个招呼！

祝月球生活愉快！早日吃到萝卜！

一个住在地球上的朋友

哎呀，亲爱的玉兔，还有一个坏消息忘了告诉你。虽然说了大半天的诱人萝卜，但是因为即将登陆月球的萝卜不止是食物，更是非常珍贵的实验数据，所以……请你克制食欲，暂时不要吃掉它们好吗？当然了，如果你觉得肚子太饿，随时欢迎到地球吃萝卜！

·摘自《读者》（校园版）2014年第11期·

德国的森林之间为何总相隔着草地

杨佩昌　钱　杰

　　德国是个森林覆盖率极高的国家，不仅山区覆盖着大片森林，各个城市也都有占地面积极大的森林公园。森林覆盖率高当然是好事，然而一旦发生森林大火，不仅会对公众的生命财产安全产生极大的威胁，对大自然的生态也是一种极大的破坏。因此，在森林防火上，德国人很注重防患于未然。

　　去过德国的人都会注意到，那里的森林之间总有草地相隔，远远望去黑绿相间，黑色的是森林，绿色的是草地。一般人会以为，这大概是德国人的审美趣味罢了。实际上，这是德国人防止森林大火的一招：即便有一片森林着火了，因为有草地作防火隔离带，大火也不易蔓延到其他森林。在海拔超过 1000 米的阿尔卑斯山，就可以看见密林中穿插着大片草场，草场上放养着牛羊，草场起的就是防火隔离带的作用。

阿尔卑斯山上有不少旅馆、酒店，这些服务设施的周围也环绕着草场，形成了一片开阔的空间，既为观光营造了纵深感，还可防止森林大火蔓延到旅馆、酒店。

森林大火的产生，虽然与天气条件关联紧密，但也与森林的树种构成关系极大，像松树等含油量高的针叶树类，着火的风险就很高。为此，在大片针叶树的森林中，德国人特意种上了刺槐、红橡等不易着火的树种，作为延缓火势蔓延的隔离带。此外，德国人还在森林中开设了宽阔的林道，一是用于机动车平时的森林作业，二是有利于在森林大火时消防车及时赶到，三是起防火隔离带的作用。

对于城市的森林公园，德国人也极注意防火。像森林公园覆盖面积超过城市总面积一半的慕尼黑，消防通道就像蛛网一样分布在森林公园内，一旦森林着火，消防车可迅速开到公园的各个角落。同时，森林公园旁都有河流、小溪或人工湖，方便取水灭火。如果没有可取水的小溪和人工湖，就会铺设消防用的供水管道。

还有，种植在居民区四周的树木，有关部门也会精心挑选，一般不会栽种含油量高的树种；而居民区之间，还设有草地作为防火隔离带或设防火墙。

在防火方面，德国人的心思真是缜密。

·摘自《读者》（校园版）2019 年第 12 期·

研究怪问题的科学"萌"妹

吕　择　秦　勉

　　她是天生的"萌"妹子，如果你从她的轻声细语和眼镜背后，认定她是足不出户的"学霸"，却又大错特错。她是考过了钢琴八级的淑女、击剑高手和热心的志愿者。如果你正处在中学时代，你一定会喜欢她，并视她为偶像。

　　我们知道世界上有一种人，他们能力出众，仿佛干什么都能成功。北京师范大学附属实验中学的万若萌就是这样的人。所以，当这一"萌"主与"小诺贝尔奖"（第65届英特尔国际科学与工程大奖赛一等奖）得主相连的时候，一点都不令人感到意外。

"万神"的怪问题

"万神"的绰号，来源于同学们，得益于万若萌永远位居年级前列的成绩。但这只是她"神"的一部分。另一个层面的"神"，是她似乎从不关心与自己年龄相符的事。她既不贪图青春岁月的享乐，又不一味地走着"好成绩、好大学、好工作"的平凡之路。她在关心一些在我们普通人眼里"关你屁事"的领域。

从小看宫崎骏的电影，万若萌没有成为动漫的"脑残粉"，而是意识到地球正在遭到令人心痛的破坏，从那时开始，她下决心要改变这一切。

"长大的过程中我接触到了仿生学，我感到这可能是让人类不再与地球处于对立关系而是融为和谐一体的一个可能。如果人类能像生命体与自然界一样捕获能量，转化物质，那我们便不会在地球上继续踩出一个个破坏的脚印了。"

而当前的环境问题更加坚定了万若萌的决心：人们争抢存在严重污染问题的石油资源，但若是能仿造植物色素捕获光能的方式，人们不是能更多地依靠太阳能了吗？若能将闪电、龙卷风的能量加以转化，相当于多少煤炭发的电？她相信依靠自然科学的力量可以使地球走出目前的环境危机，她更渴望为此尽自己的一份努力。

不要以为上述想法出自电影《蜘蛛侠》或《乔布斯传》，有些人生来如此，不管她是"女神"还是"女神经病"。

她的高中班主任黄彩英对此颇感"头痛"："别看她外表很文静，可问的问题常常是重量级的，以至于我从不敢轻易张口回答，一定要经过深思熟虑。她是个爱读书的孩子，虽然阅读的内容偏向于自然科学，却总是提出富于哲理而且深邃的问题，绝不是一两句话便能打发的，经常把我们给问住。"

如果仅仅是发问，她只能局限在"女神经病"的领域。在发问得不到解答之后，她开始自己去探究真相。

植物为什么是绿的

"植物为什么是绿色的？"

"它至少不该是黑色的。"

"为什么不是黑色？黑色吸收的能量更多，更符合自然选择的规律……"

就是这样一个让大多数人都"嗤之以鼻"的问题，激起了万若萌浓厚的兴趣。要知道，植物为什么进化成绿色，至今在科学界没有完整的解释。

万若萌没有拿这个问题专门刁难别人，而是开始了自己的研究。"改变大自然未来的钥匙就藏在大自然中，但只有深入挖掘才能找到。"这是她的理念，为了这个理念，她开始行动。

于是她爱上了厚厚的英文文献，爱上了翻阅大学的生物书，因为这些能让她找到关于这个问题的前沿研究成果，并逐渐产生了自己不同的思考角度与实验设计。

通过学校科技教育办公室刚永运老师的帮助，万若萌幸运地认识了北京大学生命科学学院的林忠平教授，当与林教授交流设计的实验方案时，林教授的回答令人感动："虽然这与我的研究领域并不相关，但我支持你探索这个问题，将设计的实验变成行动。"

从此，万若萌开始四处寻找实验需要的仪器。当她到每一条街上的每一个店询问是否有材料的时候，当她跑到北京郊区的厂家挑选最合适的部件的时候，她感到了累与希望。

但更多时候，万若萌感到的是希望的破灭。当终于找到了合适的材料，却发现实验进行情况与设计中的理想状态完全不同的时候；当她意识到要完成某一步，需要的是一种怎么都借不到的仪器的时候，她选择了坚持。

在一次又一次走进死胡同的时候，她还是不断地更改实验设计，反复思考所缺仪器的替代品。这样的坚持意味着万若萌会继续面临花上一个月的时间却没有什么进展的可能性，"但是要想探索未知的地方，就需要正视并接受风险"。

有了这样的觉悟，万若萌的成功便有了可能。她终于把实验模型完成了。她用厚纸板把卧室窗户挡住，隔绝了外界光源，用磁力棒一点一点地调整每个 LED 灯泡的高度和角度，这样的实验能够用来判断在隔绝阳光的情况下，植物究竟需要什么样的光，而这就决定了植物为什么会是绿色。

实验模型成功之后，她开始了彻夜的记录和数据分析。她很爱这个过程，因为充满了未知。

水到渠成的奖杯

5 月 11 日至 16 日，第 65 届英特尔国际科学与工程大奖赛在美国洛杉矶举行，来自全球 70 多个国家和地区的 1800 余名青年科学家参与其中。万若萌带着她的研究项目——《为什么陆生植物不含高效吸收绿光的光合色素——从自然选择的角度探究含藻红蛋白的藻类未能进化为陆生植物的原因》，参加了比赛。

不负众望，万若萌的研究项目获得了第 65 届英特尔国际科学与工程大奖赛植物学科一等奖，成为北京代表队获得"青少年诺贝尔奖"的第二人。

　　评委会的报告指出，万若萌在研究中发现，从海洋藻类向陆地进化的角度分析，许多藻类含吸收绿光的光合色素，而只有不含该色素的绿藻成功登陆。陆上光环境中绿光辐照度最大，植物大量吸收绿光可能受到严重抑制，光合速率反而降低。这或许是陆生植物对绿光吸收率低的原因之一。为此，她在实验中用单色光混合模拟陆上光环境，其他条件不变，改变绿光光强，发现当红藻对陆上绿光的等效吸收率超出绿藻对入射绿光的吸收率时，其光合速率明显降低，从而证明陆生植物不含高效吸收绿光的光合色素，的确与高强度绿光造成的抑制有关。

·摘自《读者》（校园版）2014 年第 16 期·

第一粒种子是从哪儿来的

【美】卡伦·詹姆斯

当你想到"植物"一词时，大脑中的画面可能是一朵花、一棵树，或是一片草地。植物大部分都是从种子生长出来的，它们也产生种子。但也有另外一些种类的植物，其生长根本无须种子。蕨类植物和苔藓没有种子和花朵，它们产生孢子。还有一类植物叫水藻，它们生活在水里，没有孢子或种子，它们靠其他的方式繁殖。

大约 3.5 亿年前，灌木丛般的苔藓丛林被更加壮观的树状蕨类植物林所取代。昆虫与蜘蛛样的动物出没其间，这些植物给它们提供了更多的食物、更好的保护。在水中，一些鱼类的鳍进化成了腿，使它们可以在岸上行走。它们成了原始的两栖动物，是青蛙、蟾蜍与水螈的祖先。

正是在这段时间里，一些蕨类植物的孢子进化得更大了，有了一层防水的外皮，内部含有大量的淀粉。它们是第一批种子，在不利的环境中，种子里储存的淀粉食物可以给新生植物一个有利的开局。防水外皮可以使种子在干旱、恶劣的地方存活，而孢子在这样的地方却没有存活的机会。

当博物学家达尔文写《物种起源》时，他在位于肯特郡的家中做了一些实验，研究不同的种子能在海水中存活多久（大多数种子喜欢淡水，因此，海水可算是恶劣的生存之地了）。以此为基础，他进行了一番计算，得出这些种子在海洋中可能漂流的距离。这一点非常重要，因为在达尔文的时代，人们不明白植物何以会在那些荒岛上生长，除非它们是特意为那里创造的。达尔文要证明种子可以漂洋过海到达那些岛屿，一旦到达那里，它们会进化成新的物种。

种子的防水外皮不仅能帮助它们在旱地和海洋中存活，而且还能让它们存活很长时间。2005 年，以色列的科学家成功地使一枚 2000 年前的种子发芽。

种子的所有这些优势，帮助早期的种子植物在几百万年前大获成功。所以，下一次当你走过一片草地、穿上一件棉衬衫或者吃掉一碗燕麦粥时，请想想这些植物的祖先，想想它们在学会了储存能量、穿上了防水衣以后，是如何演化出今日地球上这数以百万种美丽的、有用的植物的。

·摘自《读者》（校园版）2019 年第 14 期·

阳光拐进地下城

易　白

随着世界人口的增长，人们的生存空间越来越小。为此，人们在修建高楼的同时，也把目光投向了地下，修建在地下的铁路和商城越来越多。然而，地下建筑的采光和通风是个大问题。美国研究人员认为，可用光导纤维来解决这个难题，并准备建一座示范性的"地下阳光公园"。

光纤让阳光拐弯

如何让阳光进入封闭的空间？在古代，人们就知道用透明屋顶和窗户来让屋子变得亮堂。美国研究人员设计"阳光地下公园"的思路其实也是这样，他们打算为地下城市设计窗户。不过，靠传统的窗户难以完成这个任务。研究人员用科技来助力，设想出用光导纤维把阳光引到地下的新方法。所谓光导纤维，就是我们熟知的光纤，它们在目前的网络信息传输中扮演着重要角色，不少地区已经实施了"光纤到家"的工程。

光纤可以远距离传输阳光而损耗很少，这样地面上的阳光就可以传输到几十米甚至几百米深的地下空间。除了远距离传输的优势外，光纤传播阳光的更大好处是可以让阳光"拐弯"。我们都知道，光只能沿着直线进行传播。如果前进的路上有不透明的遮蔽物，光就越不过去了。光在光纤里是按照反射和折射的模式向远处传播，这使得光可以被"关"在光纤里而不会中途漏出来。这样一来，原本只会直线传播的光也会随着光纤而"拐弯"。也就是说，在光纤的引导下，阳光可以像电流一样"流向"地下城市中的每个地方，让整座地下城市都亮堂起来，植物也可以在其中苗壮地生长。

试验性的"地下阳光公园"

美国研究人员准备开建的"地下阳光公园"，是为未来建设大规模地下太阳城积累经验的试验性项目。这座公园将建在美国纽约市曼哈顿地区一座废弃的地铁站内，占地面积约 6000 平方米。按照研究人员的设计，这个项目的创新之处就是光导系统，包括阳光搜集器、光纤和阳光扩散器。

地面上的搜集器聚集阳光，把阳光沿着光纤传导到地下需要照明之处，再通过扩散器把阳光分散开来。地下分布的一个个阳光扩散器，就如同一个个小太阳，令地下城市也能植被茂盛、生机勃勃。如果这个试验性项目能够获得成功，研究人员将进一步改善技术并把它推广到已有的一些地下建筑中，最终建设一些人们可以常年在其中生活和居住的地下阳光城。

地下阳光城优势很明显

美国研究人员表示，在未来，人们更愿意居住在地下阳光城中，因为未来地下阳光城的环境会更好。生活在地下阳光城中，人们可以感受到像在地面上一样的灿烂阳光、清新空气和鸟语花香。人们现在不愿意居住在地下是因为没有阳光，通风也是问题。如果地下有了阳光，通风也就不需要了。因为有了阳光，人们就可以在地下栽种植物，包括花草、粮食和树木。这些植物可以吸收人们的活动所产生的二氧化碳，并产生人们所需的氧气，地下阳光城最终可成为一个自给自足的生态系统。

地下阳光城中的昼夜温差和季节性温差要比地面上小得多，人们的生活环境会变得更加舒适。人们在地下城中生活，也不会受到风吹雨打的烦扰，可以免受龙卷风、暴风雪等气象灾害的侵袭。当然，地下阳光城也并非是消除了所有自然灾害的乐土。比如，在地震、地陷等地质灾害发生时，地下城的损失会更大；如果发生难以预料的洪灾和海啸，地下城可能会遭受灭顶之灾；火灾、爆炸等人为灾害发生时，地下城的居民受到的伤害会更大。

研究人员表示，现在的技术已经令传播阳光变得可能，建造大规模的地下阳光城是早晚的事情，应该在近20年内就会出现。在未来50年内，全球各地将出现千座以上面积超过100平方千米的大型地下阳光城。如果这个雄心勃勃的计划能够实现，地球难以养活更多人口的问题或许就可以变成历史了。

自然的自然

盛 夏

人类如何创造艺术，艺术如何塑造人类，人类创造力、好奇心的源头在哪里？人类的艺术史，也是想象的历史，"在想象中，我们可以追溯时间的长河；在想象中，我们可以一览世界的全貌。凭借这种神奇的力量，我们得以领略在这个星球上发生的一切"。英国剑桥大学学者奈杰尔·斯皮维从艺术史的源头出发，贯穿起人类想象力与创造力的一个个神奇的瞬间，对"人人都是艺术家"这一大胆宣言进行了生动的诠释。

"研究自然"，这样的要求对于艺术家来说十分简明扼要。大自然就在这里，随处可见沧海桑田的痕迹，随处可见造物主的神奇。带上画笔，观察它，看看自然会为我们揭示什么。不过，自然到底是什么？

如果仔细想想"自然"这个词，立刻就会发现它一点儿也不严密。

它可以指代可能遭受水泥、砖块碾压的任何东西。自然形成的小路，理应通向小鸟、昆虫或者珍奇的植物。自然应该按照自己的规律运行。大自然母亲会打理自己，不受人类文化和人造之物的影响。当我们对着未遭破坏的景色欢呼之时，我们赞叹的是大自然还保留着原本的样子。我们会把一片地区称为"处女地"。"融入自然"就是文化的自我与自然的世界从容相处，但大自然也有脾气，比如当飓风袭来或者自然纪录片中豺狼用利爪抓住兔子的时候。

自然主义者喜欢脱下衣服，不想让自己的身体与自然之间存在任何阻隔。在这种情形下，自然意味着自发、不受限、不被人类干扰的东西。这样说来，地球表面真的只有很小的空间才配得上"自然"二字。热带雨林里也有一丛丛几千年前人类为了获得水果、坚果以及能吃的叶子而种下的各种各样的树；现代的自然保护区通常也会包括某些古代人类曾经居住过的地方。

所以说，"研究自然"其实并不是非常清楚的指令。不管怎样，我们期待艺术家的创作源于自然的世界，伐木留下的树桩都可以，但不能是摩天大楼。

植物可以预测天气吗

【英】夏洛特·科尼

佚　名　译

　　植物可以预测天气吗？答案是肯定的。比如中国西双版纳生长着一种奇妙的花，当暴风雨将要来临时，它便会开出许多花朵。根据它的这一特性，人们可以预先知道天气的变化，因此，大家叫它"风雨花"。在风雨花贮藏养料的鳞茎中，有一种控制开花的激素。当暴风雨快来时，由于气温高、气压低，这种刺激使开花激素猛增，促使它开出花朵。

　　欧洲常见的野花——三色堇，它的叶片竟能像温度计一样感知温度的高低，因此，被人们称作"气温草"。这是因为它的叶片对气温反应极为敏感，当气温在20℃以上时，叶片向斜上方伸出；若气温降到15℃时，叶片慢慢向下运动，直到与地面平行为止；当气温降至10℃时，叶片就向斜下方伸出；如果气温回升，叶片又恢复原状。当地的居民根据它的叶片伸展方向，便可知道气温的高低。

青冈树则被直接称为"气象树"。青冈树的树叶中含有叶绿素、叶黄素和花青素等，在一般情况下，叶绿素的合成占了优势，其他色素都被叶绿素掩盖了，所以叶片呈绿色。而青冈树对气候条件非常敏感，当久旱将要下雨前，光强、干旱、闷热，叶绿素的合成受到抑制，花青素的合成占了优势，因而叶色变红；当雨后转晴，叶绿素的合成又占了优势，树叶又变回绿色。

·摘自《读者》（校园版）2019 年第 21 期·

叶片为何不"撞衫"

佚　名

　　荷叶是圆的，韭菜叶是长的，枫叶一副巴掌样……不同植物的叶片形状不一样，即便同一棵树上的叶片形状也会多少有些不同，构树上的叶片，有些是卵形，有些则形如扇子。世界上究竟有没有两片完全相同的叶子？它们的功能既然都是光合作用，为什么要"设计"出多样的形态？

　　植物身上隐藏着很多秘密，研究它们一点也不比研究动物省心。它们多样的形状，一直是研究者很感兴趣的问题。近期，对叶片形状之谜的突破来自日本。2011 年，京都大学植物分子生物学专家小山知嗣率领的研究小组，找到了与叶片边缘形态有关的一组基因。这是一组被称为TCP 基因的特殊基因群，这组基因的活跃程度决定了叶片边缘锯齿的深浅——牛菜的叶片边缘相对平滑，而玫瑰的叶片边缘却有很多小锯齿，这样的区别就是这组基因在起作用。不过植物叶片形状的"大方向"由它们的生存环境决定。

作为地球生命世界的发动机，植物叶片的主要职能就是收集太阳光线。为了实现这一功能，也为了节省能量，从而达到最佳效果，薄片形状就成了所有叶子的基本设计。如果植物只是在"衣食无忧、旱涝不侵"的理想环境中生长的话，叶片满足于保持薄片型、努力收集光线也就够了，不会有如此丰富的多样性。但现实是，植物的日子也不怎么好过，它们把叶片"裁剪"成不同的形状，是因为生存的需要。

流行哪一款，环境说了算

水分是一切生物生存的根本，植物叶片的"设计"很大程度上是为了适应生活环境中的水分状况。

在干旱炎热的地区，植物都拥有极强的储水能力，这些植物的叶片普遍都变得很厚实，在形状上更接近于棒状，或者密实得像橡胶片一样。这类叶片的内部具有发达的海绵组织，用以囤积大量水分。除了这些储存水分的厚叶片，还有以松树为代表的针状叶、以柏树为代表的鳞状叶，这些叶片丢失水分的比率很低（蒸发量很小）。对比一下走进松树林和杨树林的感觉，你肯定会觉得到杨树林更凉爽一些，因为杨树会让更多的水分变成水蒸气，同时也就带走了更多的热量。当然，相对松树来说，种植杨树也就更费水，杨树会大量抽离土壤中的水分。

水分少难办，水分多了更难办。对于那些生活在潮湿地区的树木来说，它们需要尽量保持叶片的干爽，如果叶片长时间处于湿润状态的话，就很容易被真菌感染。于是，在这些地区分布的植物，多半配备修长的尖端——叶尖。叶尖的功能就是让水分尽可能地聚集于此，并滴落到地面上。

仔细观察一下菩提树吧，它细长的叶尖在大雨中能迅速排水。那些生活在水中的植物（比如莲和睡莲），具有发达的通气组织，同时它们的叶片表面有纳米级的绒毛，可以很容易地排干水分——这些叶片会用有限的材料"做出"尽可能大的叶子，于是，圆形的叶片成了最佳的选择。

除了与水分的斗争，叶片还要应对温度的压力，特别是来自低温的压力。相对于干旱和水分来说，温度对叶片的影响会小一些，但是，在寒冷地带生活的植物叶片更小，表皮层也更为发达，这样有利于它们保持适当的温度。

植物叶片的形态（注意，是形态，不是形状）确实会受到环境的实时影响。比如说，在低光照条件下，桃树的叶片会变得更薄、更宽大，同时还伴随着叶绿素 a 和叶绿素 b 配比的变化，以此来弥补光能密度不足带来的损失。当然了，叶片的形状还是桃树叶片的模样。

特殊用途，特殊形状

还有一些叶片具有特殊的用途。我们熟知的捕蝇草和猪笼草的叶片会变成"夹子"和"瓶状陷阱"，用来捕捉昆虫，补充营养。眼树莲属的植物就更为高明了，它们的一些叶片变成了盒子状的"小花盆"。在这些特殊的叶片中，可以储藏水分，甚至有的品种还有共生蚂蚁搬来土壤填入"花盆"，眼树莲的附加根就扎入这些"花盆"里。一个个叶片成了真正的储藏室，不仅可以额外得到蚂蚁搬运来的泥土中的营养，还可以靠储藏的水分度过干旱季节。

同木不同叶的情况也时有发生，这多半也是因为遇上了特殊情况而发展出来的特殊能力。比如，我们常见的圆柏，它们植株基部的叶片是刺状的，而植株上部的叶片则是鳞状的。这样的差别被认为是与食草动物竞争的结果——谁愿意去啃带刺的叶子呢？胡杨的两形叶则被认为与抵御干旱有关。幼年的胡杨树和成年胡杨树下部的萌生条上，会呈线状长出披针形、狭披针形叶片，形似柳叶；而成年胡杨上部的叶片则更像杨树叶，呈卵状菱形、卵圆形或肾形等。有研究显示，宽卵形叶的结构比披针形叶更适应干旱环境，具有更强的抵抗逆境的能力和渗透调节能力，有较高的净光合速率和水分利用效率，更有利于胡杨在盐碱化荒漠中生存。

实际上，经过亿万年的自然选择过程，每种叶片都具有适应当地环境的特殊结构。目前，我们只能从了解它们的具体功能入手，研究功能与基因，为改造人工作物和"制造"适于太空生长的植物打基础。

·摘自《读者》（校园版）2012 年第 24 期·

亚马孙雨林不是地球的肺

袁　越

　　亚马孙雨林大火引起了全世界的关注，很多媒体说地球的肺被点着了，就连法国总统马克龙也在个人社交媒体上说，亚马孙雨林为地球提供了 20% 的氧气。著名美国气象学家斯考特·丹宁教授撰文指出，这个说法是不对的，我们呼吸的氧气并不来自森林，而来自海洋。

　　要想明白这一点，首先必须意识到地球上的所有元素都一直在陆地、海洋和大气之间不停地循环，氧原子自然也不例外。氧气最初来自植物的光合作用，这是毫无疑问的。陆地光合作用的 1/3 发生在热带雨林，亚马孙雨林每年产生的氧气确实很多。但是，植物死后留下的残枝烂叶会被微生物迅速分解，分解过程会消耗等量的氧气，因此，绝大部分陆上光合作用产生的氧气到头来会被尽数消耗，陆地植物对大气含氧量的贡献值几乎为零。

　　既然如此，怎样才能让氧气最大限度地保留呢？答案就是把光合作用产生的有机物从氧循环中移除出去，不让它们被分解。地球上有一个地方提供了这种可能性，那就是深海。海洋表面生活着大量海藻，它们通过光合作用生产出很多有机物，其中大部分被鱼类吃掉了，一小部分没被吃掉的有机物会沉入海底，那里严重缺氧，微生物无法生存，所以有机物被保存下来，躲开了氧循环。

其实移出氧循环的有机物总量非常小，大致相当于地球每年光合作用生产量的 0.0001%，但经过上亿年的积累，效应就显现出来了，如今地球大气层中的氧气就是这样一点一点地累积出来的。

换句话说，我们呼吸的氧气是大量有机物被移出氧循环的结果。有机物通常用碳来表示，移出氧循环的有机物就是我们耳熟能详的"碳汇"，这可比存在于生物体内的有机物总量高多了。根据丹宁教授的估算，即使地球上的所有生物被一把火烧光，大气层中的氧气含量也仅仅会减少 1% 而已。也就是说，无论再发生多少场森林大火，地球上的氧气都够我们再呼吸几百万年的。

当然了，这并不是说亚马孙雨林大火无关紧要。先不说别的，热带雨林是地球上生物多样性最高的地方，大量物种只在那里生活，一场大火很可能会让很多人类尚未发现的物种就此灭绝，造成的损失是无法用金钱来衡量的。

接下来的问题是，沉在海底的有机物最终去了哪里呢？答案就是石油和天然气。我们开发化学能源，本质上就是把过去几百万、几千万年积攒下来的碳汇重新纳入氧循环。最大的问题不是由此造成的氧气减少，而是氧气减少的副产品——二氧化碳的增加。这是一种很强的温室气体，其浓度很大程度上决定了地球的表面温度，全球变暖这件事就是这么来的。

中国版"植物猎人"

木 子

余天一，1996 年出生在北京，从 9 岁起就疯狂地爱上了植物。一次，他得到一本《常见野花》,就沉迷于其中的植物图,接着又看《北京植物志》。很快,植物图鉴就满足不了他的胃口了。

有一天，余天一偶然在书上看到绿绒蒿，瞬间就被它湛蓝的颜色所吸引。这是一种野生高山花卉，生长在海拔 3000 米 ~ 4000 米的流石滩和冰川的前缘。初一暑假，余天一终于说服妈妈带他去云南，虽然走之前查阅了不少资料，但这次并没有看到绿绒蒿的踪迹。

他不甘心，初中毕业后再一次踏上绿绒蒿寻找之旅。一位中科院昆明植物研究所的博士，带他爬上海拔 4000 米的高山。背着沉重的单反相机和微距镜头，经过走几步歇一会儿的艰难行程，余天一终于在流石滩上看到了挺拔鲜艳的绿绒蒿。后来，他就有了"少年植物痴"的雅号。

余天一从野生动植物科普图书入门，自学了林业专业的大学课程，某些方面的知识水准相当于"林业大学毕业生"。从小学到高中，他没有任何一个暑假宅在家中，全部用来到全国各地"寻宝"。

在余天一眼里，任何植物都藏着许多秘密。他要记录它们的成长，要为它们写日记。他的微博上贴过一张岩生银莲花的照片，那是他和几位植物爱好者探险时偶然发现的，一大丛岩生的银莲花，如白衣仙子般在风中舞蹈着，花朵很大，贴着地生长。当时下着雨，他们只好轮流打伞和拍照。那一个个惊艳的刹那，无比珍贵。

余天一很崇拜恩斯特·威尔逊，这位英国皇家植物园丘园的花匠，为了寻找奇花异草，于1899年春天来到中国，风餐露宿，进行了长达12年的植物采集历程。余天一想做一名中国版"植物猎人"，去各种偏僻的地方寻找稀有植物。这些年来，他跑遍了北京周边所有的湿地。余天一最爱一种叫槭叶铁线莲的植物，它是北京的特有物种，生于山区岩壁或是土坡之上，花朵洁白，类似动物界的大熊猫。余天一觉得槭叶铁线莲可以带动整个区域生态环境的保护，他呼吁更多的人重视北京的植物多样性。

2014年，高考完不到一个星期，18岁的余天一就接到了IBE徐健老师的邀请，同一批植物专家一起参加了对青海澜沧江源的调查，他负责那次行动的植物拍摄工作。这也是他第一次亲身经历植物调查，他是其中年龄最小的成员。

IBE是影像生物多样性调查所，主要是针对某一地区生态、物种的多样性进行影像方面的调查，搜集物种的信息，包括它的GPS位置、拍摄细节。这样可以让更多的人了解到十万八千里外的动植物是什么状态，同时为生物多样性的保护提出可行性建议。余天一觉得此举意义非凡!

在澜沧江囊谦河段的岩壁上,余天一和队友找到了20世纪末才被发现的物种——王氏白马芥。还有仅分布在流石滩的圆穗兔耳草,青海标志性物种青海刺参,以及绢毛苣等。这次青海之行,他们创造了发现6个植物品种的新纪录。而此前,它们被认为早已"销声匿迹"。

澜沧江源头附近有一个叫扎西拉乌寺的地方,不远处就是雪豹的栖息地。令余天一惊讶的是,当地动物与人类和谐共存,基本没有距离,植物也是一样。这也让他在颇受启发的同时,更加坚定了做"环境卫士"的决心!

也正因为这份执着的热爱,2014年,余天一考入北京林业大学环境艺术设计专业,业余时间投入到植物科学绘画工作中。2015年,他开始在《博物》杂志开设专栏,进行科普文章和科学绘画创作。之后,他还与人合作,出版了《桃之夭夭》一书。

此后几年,余天一还多次为新物种及科普文章创作墨线图和彩色插图,图文先后在《人与生物圈》《中国国家地理》《知识就是力量》《中国绿色时报》《森林与人类》等媒体上发表,并广受好评。2017年,他还获得第19届国际植物学大会植物艺术画展银奖。

如今,余天一的足迹更是遍布辽宁、内蒙古、河北、浙江、山西、新疆、四川等省区。在一些人迹罕至的野外,余天一常常可以发现新物种。

平时,余天一还利用微博、微信等新媒体平台进行科普宣传,使公众认识湿地之美,从而自觉珍爱湿地及其生物多样性,最终为自然保护事业汇聚更多力量。余天一还在"知乎"上热心解答网友关于植物的疑难问题,向公众介绍各种珍稀物种。到2019年,余天一已成为拥有大批粉丝的"网红植物大神",以及媒体眼中的"博物学家"!

·摘自《读者》(校园版)2020年第2期·

植物大战人类

沧 浪

　　《植物大战僵尸》这款游戏风靡全球，游戏里面的植物个个身怀绝技，把僵尸杀得落花流水。其实，这些植物在自然界是可以找到原型的，"植物大战人类"也在全球各地上演着。

　　"豌豆射手"坚守战斗的第一道防线，它们向来犯的僵尸射击豌豆。在美洲就有一种沙箱树，可以发射"子弹"。它的果实在成熟爆裂时能发出巨响，竟能把种子弹出十几米之外。所以，沙箱树结了果实后，人们便不敢轻易接近这种植物了。沙箱树就是植物界的"豌豆射手"啊！

　　"樱桃炸弹"能够炸飞一片区域内的所有僵尸。这很像生长在非洲北部的一种喷瓜，因为它的果实成熟以后里边充满了浆液，所以一旦果实脱落，喷瓜的浆液和种子就"嘭"的一声，像放炮似的向外喷射。要是有人在场，那准得被它轰得落花流水！看来，喷瓜就是植物界的"樱桃炸弹"了。

・126

　　"土豆地雷"能够给予敌人致命一击。在南美洲的热带森林里，生长着一种叫马勃菌的植物，它就是一种植物"地雷"。这种植物结果较多，个头很大，一个约有5千克重。别看它只是横"躺"在地上，如果人不小心踩上这种"地雷"，立即会发出"轰隆"一声巨响，同时还会散发出一股强烈的刺激性气体，使人喷嚏不断，涕泗滂沱，眼睛也像针刺似的疼痛。马勃菌像不像"土豆地雷"呢？

　　"食人花"能够一口吞掉僵尸。在巴拿马的热带原始森林里，生长着一种类似食人花的"捕人藤"。如果不小心碰到了藤条，它就会像蟒蛇一样把人紧紧缠住，直到把人勒死。据报道，在巴西的热带森林里，还有一种名叫亚尼品达的灌木，它的枝头上长满了尖利的钩刺。人或者动物如果碰到了这种树，那些带钩刺的树枝就会一拥而上，把人或动物围起来并刺伤。如果没有旁人发现并且援助，就很难摆脱这种困境。看来，"食人花"在植物界也是有原型的。

　　"仙人掌"射出的尖刺能够同时攻击地面和空中的目标。非洲中部的森林中，有一种长着坚硬、锐利的刺的树木，当地居民称之为"箭树"。箭树的叶刺中含有剧毒，人或兽如被它刺中，便会立即死亡。当地黑人常用这种箭树做成箭头和飞镖，用来猎获野兽、抗击敌人。

　　"大蒜"的臭味能使僵尸绕道而行。能发出恶臭的植物也很多，生长在东南亚的大王花就是其中之一。大王花花朵巨大，直径可达1米，重达10千克，是世界上最大的花朵之一。大王花的花期很短，一般只有几天，花朵开放后，为了吸引昆虫为其传粉，它会释放出恶臭，这种气味常常被形容成鲜牛粪或是腐肉的气味，当地人称之为"尸花"或是"腐肉花"。人们闻到这种花朵的臭味，会恶心欲吐，避之唯恐不及。

谁在操纵植物的生长方向

裘树平

植物对周围环境的反应，最奇妙的莫过于它的生长方向。比如向日葵的花朵总是随着太阳转，又如一粒小小的植物种子，从萌发开始，它就知道根部应该往地下生长，而茎干则要伸向天空。这是一种极普通的现象，可植物为什么这样生长？要回答这个问题还真不容易呢。

向日葵，是人人熟悉的植物。清晨，当太阳从东方升起时，它的花朵会自然而然地迎着东升的旭日；当日落西山时，它的花朵又会转向西方，仿佛在欢送太阳离去。

早在 100 多年以前，英国著名生物学家达尔文，就对向日葵的花朵随着太阳转的现象产生了兴趣。他很想知道其中的秘密，便做了一系列实验，其中有个实验很简单，但很能说明问题。

达尔文在房间里培育了一些花草，当幼苗从盆中破土而出后，它们都朝着透光的窗子那边倾斜。很显然，光线与植物的生长方向大有关系。达尔文感到很奇怪，植物的向阳生长究竟受什么控制？

根据直觉，这种奇怪的东西可能在植株顶芽附近。于是，达尔文把幼苗的顶芽削去一块，结果情况完全变了，幼苗虽然还朝上长，但再也不会弯向太阳光的方向了。这个实验使达尔文相信，在幼苗的顶端，肯定有一种神奇的物质在操纵植物的生长方向。很可惜，在当时的研究条件下，还没发现这种物质，达尔文就与世长辞了。

关于植物生长方向的研究，却一直没有停止，其他科学家仍在探索其中的奥秘。直到1926年，人们终于找到了这种神奇的物质。

发现者是美国植物生理学家温特。他做了这样一个实验，就是让植物的胚芽鞘一面接受光照，另一面对着无光的黑暗处，结果，胚芽鞘渐渐朝有光的方向弯曲。温特对胚芽鞘进行了特别处理，从中分离出一种新奇的化合物，取名为植物生长素。

生长素最大的作用是指挥植物生长。它在植物体中，根据所处环境条件的不同，如不同的光线、温度、湿度、地点等，及时"发布"命令，决定植物的各个器官应该怎样生长，或者生长到什么程度最适宜。

由于生长素对光的反应很敏感，当胚芽鞘受到光照时，它就聚集到阴面那一侧。这样，生长素的增多和积累，就使阴面部分的生长大大加快，受光部分则由于缺少生长素而生长缓慢，结果导致弯曲发生。温特断言，植物茎或叶片的弯曲，完全是由生长素在组织内的不对称分布造成的。

植物的向光性生长是由生长素控制的，那么，它又是怎样区分"上"和"下"的呢，又是什么力量促使它选择根朝下、茎朝上的生长方式的呢？科学家首先想到的是重力，他们认为，地球的引力肯定是影响植物生长方向的重要原因。

人们开始在宇宙空间站栽培植物，看看植物是否还能区分"上"和"下"。从理论上说，在太空失重的环境下，再加上一天24小时都有充足的光照，植物生长的条件比地球上优越得多。科学家期望，空间站能结出红枣一样大小的麦粒、西瓜一般大的茄子和辣椒。但最初的实验结果实在糟透了。

那是1975年，在苏联"礼炮4"号宇宙飞船上，航天员播下小麦种子后，一开始情况良好，小麦出芽比在地球上快得多，仅仅15天，就长到30厘米长，虽然是不懂"上下"、没有方向和目标地乱长，但终究是一个可喜现象。可是在这以后，情况越来越不妙，小麦不仅没抽穗结实，茎和叶子反而渐渐枯黄，显示出快要死亡的症状。

很显然，给植物生长带来麻烦的主要是失重。为什么植物对重力这么依赖呢？按照温特的生长素理论可以这样解释：长期生活在地球上的植物，形成了一种独特的生理现象，当它受到重力刺激时，在植物组织下部的生长素含量会大大增加，于是就使植物的根朝下生长，茎则朝上生长。一旦失去了重力，生长素便无法汇集到合适的部位，使幼茎找不到正确的生长方向，只能杂乱无章地向四面八方伸展，最终导致死亡。

如果解决了失重问题，是不是能使生长素回归到合适的位置呢？科学家决定进行更深入的实验。

要解决失重问题，最直接的方法是建立人工重力场，但是要在小小的空间站实施这个办法，实在很难行得通。这时，有个名叫拉西克夫的生理学家提出一种观点，他说："电对整个生物界起着巨大的作用。在地球表面，植物每时每刻都通过茎和叶，向大气发射一定量的电子流。这对植物营养成分和水的供应会产生很大的影响。另外，地球上的土壤和植物之间存在着明显的电位差，有利于植物从土壤中吸收营养。在失重情况下，植物与土壤之间没有了电位差，也就不再向空中发射电子流，所以就难以生存了。"

根据这种观点，科学家设计了一种回转器，将葱头栽在回转器上，每两秒改变一次方向，也就是在两秒内，将植物从正常状态（绿叶朝上）转到反方向（绿叶朝下）。这就相当于在失重状态下，植物没有了"上"和"下"之分。回转器上的两个葱头，一个被通上电源，受到一定的电压刺激，另一个则不通电源。结果，那个没接通电源的葱头，到了第四天叶子便开始向四处分散生长；又过了两天，叶子开始枯黄萎缩，趋向于死亡。而另一个受到电刺激的葱头，恰恰与它的伙伴相反，就像长在菜田中一样，绿油油的，挺拔而粗壮。

后来，科学家将这两个葱头调换，不到一星期，奇迹发生了。那个快要死去的葱头，脱去了枯萎的叶片，重新长出新鲜绿叶；而原先充满生机的葱头，因为失去了电刺激，很快停止了生长，叶梢变得枯黄卷曲。

电刺激实验的成功，不仅给航天员带来福音，使他们能吃到新鲜的蔬菜瓜果，同时也使科学家对植物生长方向受何种因素控制的问题，有了更深刻的了解。

正当大家都把注意力集中在植物生长素身上时，美国俄亥俄州州立大学的植物学家迈克·埃文斯提出了一个崭新的理论。他认为，无机钙对植物的生长方向起着举足轻重的作用。因为他在研究中发现，植物在弯曲生长过程中，无论是根冠下侧部位，还是芽的上侧部位，都存在大量的无机钙。那么，无机钙又是如何帮助植物辨别方向的呢？

埃文斯解释说，因为根冠内有极为丰富的含淀粉体的细胞，而淀粉体是一种贮存大量无机钙的场所，在重力的作用下，淀粉体会把内部的钙送到根冠下侧。这时，如果用特殊的实验手段去阻止钙的移动，植物马上会表现出不正常的生长方式。同样，植物的芽虽然没有冠部，但也含有丰富的淀粉体，淀粉体也能将内部的钙送到上侧细胞中。由于细胞的上端和下端之间有不同的电荷，两端电荷的不一致引起细胞极化。结果，大量被极化的细胞排列在一起，总电荷就很强，足以吸引任何相反电荷的钙离子，驱使它们在体内移动，引导植物的茎干总是向上生长，根朝下生长。

　　到底是谁控制着植物的生长方向，这种神奇的力量取决于什么，是植物生长素还是无机钙，或者是兼而有之？目前，这依然是一个有待探索的谜。

·摘自《读者》（校园版）2020 年第 2 期·

植物也会被麻醉吗

裘树平

谁都知道这样一个简单的医学常识：病人在动手术前要进行药物麻醉，使神经系统失去应有的敏感性，这样开刀时就不会感到痛苦。那么，对植物是否也能进行"麻醉手术"？如果植物会对麻药产生反应，那将对人工控制栽培作物的生长时间、生长速度具有相当重要的意义。

为了解开这个谜团，法国和德国的几位生理学家选用乙醚和氯仿等普通麻醉药，对含羞草进行麻醉实验。结果，那些十分敏感的含羞草，在"服用"了麻醉药以后，无论怎样被触摸，原来"好动"的叶片却像着了魔似的无动于衷。过了一段时间，也许是麻药效果消失了，含羞草才恢复敏感性，变得"好动"起来。看来含羞草也会被麻醉，而且在麻醉剂的浓度、麻醉剂起作用和作用消退的时间方面，与动物的反应很相似。

进入 20 世纪 80 年代，德国生理学家伯纳德，在研究植物麻醉时得到一个有意义的发现，那就是水生植物经过氯仿处理后，光合作用会受到抑制，在水中不再冒出氧气气泡；而去掉氯仿后，光合作用得以恢复。发现氯仿对水生植物的"麻醉"作用使伯纳德极为振奋，于是，他的研究重点又转到农作物和各种树木身上，进一步研究麻醉剂对植物光合作用的影响。但结果十分矛盾，麻醉剂在有些情况下能促进植物的新陈代谢，在另一些情况下又会抑制植物的新陈代谢。显然，有关麻醉机理还存在许多未解之谜。

与此同时，其他科学家又有了新的发现。例如有一种小檗属的植物，它的雄蕊有很敏感的"触觉"，但经过吗啡处理后会变得"麻木不仁"。

还有众所周知的食虫植物捕蝇草，它的叶子好像两片张开的绿色贝壳，只要小昆虫飞过来，碰到叶片表面的"触发毛"，叶子就会马上关闭，将小虫捕获。但是，捕蝇草在喷洒了麻醉剂乙醚后，虽然知道可口的小虫已进入叶片内的"陷阱"，却无力合拢"大门"，只能眼睁睁地看着美味佳肴在眼皮底下逃走。

现在，科学家仅仅知道，植物的确能够被麻醉，而且麻醉过程与动物的很相似。当植物被麻醉后，其细胞膜结构被破坏，"神经"传递也就被阻断了。

但是，关于植物麻醉还有许多无法解释的现象，其中最不可思议的是，既然麻醉剂能阻碍植物的许多生理过程，那么对大麻、罂粟来说，它们体内充满类似的麻醉药物，为什么却能茁壮成长呢？

·摘自《读者》(校园版) 2020 年第 3 期·

大自然值多少钱

【法】Lise Barnéoud

张 艳 译

清新的空气、茂密的森林、鲜活的鱼儿……长久以来，人类总是习惯于享受大自然提供的各种免费资源。如今，经济学家提出：我们何不为这些服务埋单，从而为环保助力？而实现这一创意的首要任务便是给大自然明码标价。

今天，你总共呼吸了 1 万升空气。请拿出 100 元，以犒赏大自然为净化空气所付出的辛劳。

今天，你还饮用了 1.2 升水，这些水之所以可被饮用，亦是有赖于大自然的鬼斧神工。因此，请你支付 200 元。

另外，你还得再拿出 150 元，为你今晚吃下的那条鱼埋单——它不也是在大自然的怀抱中孕育生长的吗？至于骑着山地车在自家后面的美丽森林里溜达散心……这样吧，给你个优惠价：50元！

如此算下去，无穷无尽。毕竟大自然并不能被简单地归结为印有熊猫的明信片、白雪皑皑的山丘或细沙碧浪的海滩。

事实上，它所有的组成元素皆在默默地贡献力量：微生物悄无声息地疏松土壤，增加其肥力；树木静静地吸收着人类活动释放的二氧化碳；动物则在不知不觉中过滤着水，使其可以被饮用……大自然提供的这些服务尽管难以被察觉，却委实不胜枚举。

然而，怎么会突然想到给它们标价呢？

因为从经济学的角度来说，物以稀为贵。

直至数年前，人们还一直以为清新的空气和洁净的饮用水是取之不尽、用之不竭的，不具备任何市场价值。于是乎，人类肆无忌惮地攫取和挥霍生态系统中的各类资源。

然而，2005年，由联合国组织的来自世界各地的1360名科学家共同参与的一项研究显示，人类活动业已毁坏了超过60%的自然资源。某些地方的土壤因集约种植而日益贫瘠，甚至失去了可以免费帮助自己变得更肥沃的微生物。在这样的土地上，即使种植一小撮胡萝卜，也必须购买化学产品来给土壤增肥。

由此可见，大自然的慷慨赐予价值连城。若要人为地替代这些服务，必须付出不菲的代价！

标价是为了保护

事实上，给自然标价，正是为了增强人们的环保意识，阻止破坏环境的行为和规划，实现可持续发展。然而，对于1公顷森林，怎样去准确估价呢？

首先，应当对该片森林提供的所有服务进行界定：除众所周知的木材外，蘑菇、块菰以及猎物亦不容忽视。这类提供原料的服务被称作"供应服务"。

而若以原料价格作为计算基础的话，那么，这类服务便能轻易被识别和估价。例如，已知 1 立方米橡树的服务价值约为 1000 元，而同样体积的海松则为 400 元。

在法国，每公顷森林的木材年均产量为 4 立方米。因此，只需了解某片森林的面积和树种，便可估算出其产出的木材总价值。然而，在森林总价值中，"供应服务"所占的比重还不到 10%。别忘了森林还能吸收人类的工业企业和小汽车所排放的二氧化碳，从而减缓全球气候变暖的步伐。

而根茎密布、富含微生物的森林土壤在净化水质方面颇有秘技——林下灌木丛的水甚至无须经过处理，便可直接饮用。森林里的树木还能够防止水土流失。此类维持自然进程、造福人类的服务皆被称作"调节服务"。

相较于"供应服务"，"调节服务"更难被界定和估价，因为在这方面，总有新发现层出不穷。2006 年，在秘鲁亚马孙地区进行的一项研究，揭示出了健康森林所能提供的一项出人意料的服务——保持水土，所以对森林的过度砍伐增加了土地被洪水淹没的风险。

而且在森林被破坏的地区，蚊虫会大量繁殖，致使疟疾大肆传播！伐木与疟疾之间的联系过去一直被人类忽略，如今已引起了人们的重视，从而促使人们对森林的管理走向理性。

大自然对我们的最后一类馈赠被称作"文化或象征性服务"。其价值相比前两类服务更难被评估：相较于一场电影，在森林里闲逛价值几何？

另外，别忘了森林堪称天然的教育基地和运动场所。

因此，森林可谓是免费的文化场所、教室和体育场。那么我们在享受其贡献的同时，是否也该为它做点什么？不妨付一些钱来保护它——这项花费总比电影票或体育馆门票便宜！

森林的服务价值受诸多因素影响

供应、调节、文化，任何生态系统都同时具备这三种功能。但在不同生态系统（如草原、沼泽或山脉）中，其各自所占的比重不尽相同。

而且，生态系统的服务价值还受到地理状况的影响，例如，作为散步地的森林倘若令游客无法到达，那么，美丽也只是形同虚设，毫无价值。最后，生态系统的保存状态亦是值得考量的因素。

对于受城市化影响较重的森林而言，其净水功能要比保存完好的森林差。总之，即使只对一小部分自然进行估价，也会令经济学家抓狂不已。现行的各种计算方法往往不够直接，且容易得出迥异的答案。

不过，它们至少有一项功绩——第一次用现金来表现大自然的价值。这种理直气壮的语言，不正是人人都懂的吗？

·摘自《读者》（校园版）2020 年第 4 期·

植物的生存防御战

玉　琳

第一招：利刺冲上前

利刺是植物拥有的最常见、最有用的反击武器之一。它们模样各异，有大有小，有直有曲，但目标是一致的：谁吃我，我就扎谁！用刺当武器的植物很多，如枸橘、皂荚树、仙人掌等。

在非洲大草原上，金合欢是最普通的树木之一。它的叶子肥美多汁，被很多食草动物视为"一等一的美食"，然而，却没有多少动物能有口福吃到。因为金合欢不但个儿长得高，而且针对不同的动物，它的树枝和果实上还长出了两种完全不同的刺。其中一种刺是白色的，又长又直；还有一种刺是小小的、棕色的，带有弯钩。当然，金合欢的反击战并不是次次都能奏效！长颈鹿就是金合欢的"死敌"，它靠着自己坚硬的嘴以及长而灵巧的舌头，躲开金合欢树枝上那些尖利的刺，卷掉叶子，吃得津津有味。

第二招：不行就投毒

你有没有发现，在自然界中，大部分植物人吃多了都有害，有时还可能中毒？还有，即使最可口的水果，吃多了也会使人倒胃口，这是为什么呢？这是植物启动了它反击的第二招：投毒！简单地说，它们制造出了更厉害的武器——毒药，以伤害或杀死那些想吃掉自己的敌人！

在这些善于"投毒"的植物中，毒蘑菇是典型代表。裸盖菇就是其中之一，它喜欢生长在动物的粪便上，长得像一个灰斗笠，一副貌不惊人的样子。然而，早在300年前的墨西哥，巫师认为它能"通神"。因此，每当祭礼时，巫师都要先吃一些裸盖菇，以增强法力。

巫师为什么认为裸盖菇能"通神"呢？正是它体内的毒素在作怪，这些毒素能作用于自主神经，引起神经兴奋，让人出现幻觉。当然，裸盖菇的本意可不是帮助巫师"通神"，它的目的是保护自己，给吞吃过自己的敌人一点警告：吃掉我，你就等死吧！果然，吃过亏的好多动物，即使最爱吃蘑菇的兔子，见了它也是宁可饿肚子，从不轻易"下嘴"。

美丽的金合欢树，除了通过长出一身刺来反击天敌外，还能"放毒"。不过，它们不是天生就有毒的，它们只是感到自己快被吃光、小命要丢的时候，才会分泌出一种化学物质：单宁。这种化学物质少吃点没什么关系，但是吃多了，就会有性命之虞。

第三招：神骗宝典

　　还有这么一些植物，它们没有刺，生性善良，不会投毒，但它们也不甘心被活活吃掉，那它们又是怎么活下来的呢？答案很简单，它们几乎都有自己的"神骗宝典"。

　　生石花就像是沙漠中到处可见的小石头的化身，没有茎，没有枝，只有两片胖胖的、小小的"叶子"突出在地面之上。这些"叶子"其实是变态的叶器官，既是生石花的"水银行"，也是"养分仓库"，叶绿素就藏在里面，但是从外面一点也看不出来，它和杂乱的、真正的小石头混在一起。别说人，即使非洲土生土长最眼尖的沙漠动物，想认出它来也并不容易。只有到了雨季的时候，它才会从藏身之处露出来，开出鲜艳的花朵，吸引昆虫前来授粉。

·摘自《读者》（校园版）2014 年第 22 期·

水果可能是自愿变好吃的

王海山

很多人买水果时通常会问，水果甜不甜？确实很少有人喜欢吃较酸的水果。我们会发现，大多数水果都是比较甜的，像苹果、梨、香蕉、桃子、橘子等，都含有大量的糖分。不甜的水果只占很小的一部分。有人认为，它们是自愿变得那么甜的，这就是在杂交和人工培育之前也能吃到甜美的水果的原因。这种说法你相信吗？

其实这个问题反映了植物的生存法则。在人类社会早期，种植业不发达甚至还没有成形，人们靠男人打猎、女人采摘果实充饥。因为比较甜的水果更美味，所以就有更多被人将种子带到更远的地方的机会。因此，植物为了自己的种子传播得更远，会主动迎合人类，尽量让自己的果实变得比较好吃。

后来随着社会的发展，较甜的水果得到了广泛种植，还出现了嫁接、优选以及现在的杂交技术等。所以大量较甜的水果被一代代传了下来，一些没有改变的果实因为比较难吃被淘汰掉了。

同样，为了增加生存机会，植物还会把自己果实的颜色生得很鲜艳，让人容易发现。所以，人们常吃的水果基本都是优选后较甜的水果。如果去采摘野生的果子，你就会发现它们大多没有人工培育的甜。因为野生的水果没有受到人工干预，基本上都是靠自己或者动物帮助繁殖的。但是你会发现，所有的水果在不成熟的时候基本都是酸涩的，其实这也是植物的一种自我保护机制，避免了自己的种子还未成熟就被吃掉的风险。

·摘自《读者》（校园版）2020 年第 8 期·

死亡圣器老魔杖结的果，你敢吃吗

江南蝶衣

　　看过《哈利·波特与死亡圣器》的朋友对老魔杖一定不会感到陌生。在哈利·波特光怪陆离的魔法世界中，有三件威力巨大的死亡圣器：老魔杖、魔法石和隐形斗篷。其中，居首的老魔杖因为法力强大，成为众多巫师觊觎的对象。

　　可能很多人并不知道，听起来如此神秘又奇特的老魔杖，其实在英国随处可见。无论身处城市还是乡村，人们都能看见一种挂满紫黑色浆果的高大灌木，它就是深受英国人喜爱的西洋接骨木。电影里的老魔杖，就是由原产于欧洲的西洋接骨木制成的。

　　接骨木属植物在全球有20余种。在许多国家和地区的文化中，接骨木属植物都被视作民间的传统草药。据《本草纲目》记载，接骨木"木体轻虚无心，斫枝插之便生"。因此，古人将这种植物视为能续筋接骨、治疗跌打损伤的草药，并称之为"接骨木"。而在欧洲地区，接骨木属植物也因具有药用价值而备受人们的重视。

每年9月，英国秋意正浓，接骨木的枝头便会挂满紫黑色浆果，一串串黑亮的浆果色泽诱人，经常引得一些小鸟啄食。不过，如果你也有同样的想法，我劝你趁早打消这个念头。因为绝大多数接骨木属的植物都有毒性。以西洋接骨木为例，它的根、枝、茎、叶之中都含有一种毒性物质——生氰糖苷，就连它未成熟的果实，甚至是种子中也含有轻微的毒性，生食会致人呕吐或腹泻。这是由于生氰糖苷在酶的作用下，可水解成高毒性的氰氢酸，而60毫克氰氢酸就达到了成人的致死剂量。丹麦作家安徒生的一则童话故事，讲了一个感冒的小朋友在喝下接骨木茶之后，不仅看到茶壶中长出了接骨木，还引发了一系列美妙的奇遇。其实，这就是因接骨木叶片中毒而产生的幻觉。

尽管如此，仍有很多人面对那一串串看似甜美多汁的浆果，按捺不住自己的好奇心，想要满足口腹之欲。后来，人们还真找到了两全其美的解决办法。这些多汁的小浆果味道酸涩，不适合直接食用，人们就对它们进行加工，把干燥的果实制成安全的饮品，或者制作成果酱，味道酸甜清爽，别有一番滋味。

西洋接骨木的花朵也是优质的蜜源。欧洲人会采摘它的花朵，用来浸制接骨木花露或是接骨木糖浆。这些充满花香的花露和糖浆常被用来调制鸡尾酒、香槟、果汁，或是各种茶类饮品。它的花朵也被用于制作蛋糕、甜点、棒冰及化妆品，用途可谓五花八门。它的花或成熟的浆果还可以当作传统草药，用来治疗咳嗽、发热、咽喉肿痛等多种病症。

不仅仅是人类，西洋接骨木也受到很多动物的喜爱。它高大的植株可以为许多哺乳动物提供庇护，成熟的浆果是一些鸟类的重要食物。黑木耳之类的真菌也会在接骨木身上出现，蚂蚁和接骨木蚜虫也会在接骨木的嫩茎上共生。

没有想到，西洋接骨木这种神奇的物种竟然真的具备某种魔力。所以，千万不要小瞧了魔法世界第一魔杖的威力哦！

·摘自《读者》（校园版）2020 年第 8 期·

下雨时植物在吸收水分吗

【美】汤姆·黑尔

事实可能与我们想的不一样。

科学家发现，下雨时，植物并没有愉快地吸收水分，而是表现出"恐慌"，摆开防御的阵势，与延迟开花和阻碍生长相关的蛋白质会被激活，就像下雨时我们把门窗关好一样。它们还会释放一种叫作茉莉酸的化学物质，给其他叶片甚至周边的植物发出警告。

植物之所以会有这样的反应，是因为雨水中通常会带有细菌、病毒和真菌孢子。当雨滴落在叶子上时，水滴会向四面八方飞溅，飞溅的距离可达10米远。出于自我保护，植物会启动防御机制，并向邻居们发出警报，这是为了避免邻居被感染后将疾病传染给自己。

·摘自《读者》（校园版）2020 年第 9 期·

植物界中的"酒徒"

欧阳军

提起美酒，相信许多嗜酒者都会垂涎欲滴，而植物界的"酒徒"，或许你还不知道吧？

在植物界，有一些植物被酒诱惑而去"偷"尝其味；还有一些植物，"喝"酒居然上瘾，说它们是"酒徒"并不过分。

在英国牛津大学莫德林学院里，曾经发生过这样一件有趣的事：把一桶波尔图葡萄酒贮存在地窖里，等到用时却发现，酒桶尚在，而桶内滴酒全无。是谁偷偷喝光了一桶美酒？查来查去，发现小偷竟是一株生长在地窖之上、几米之外的绿油油的常春藤。它的根须扎进酒桶里，似乎还意犹未尽。

原来，这株长在院墙外的常春藤，嗅到酒香后，它的根便不辞辛劳地穿过院墙，伸入地窖，扎进酒桶里，天长日久，一桶美酒居然被它"喝"了个精光。难怪它看起来通体碧绿、身强力壮呢！

有些植物不光爱喝酒，而且喝酒还上瘾，成了不折不扣的绿色"瘾君子"。在日本东京葛饰区，生长着一棵高约10米、树干周长约1米的瑞龙松，据说这棵松树已有300多岁高龄。

当地居民米山宗春一家三代视其为宝，每年春天为它修剪枝叶完毕后，一定要在松树的四周挖6个大洞，每个洞内灌入10瓶米酒（约10升）。

米山宗春说："我们已经这样做了10年，如果哪一年不灌酒，这棵树便低头垂脑，生气全无。为了让这棵瑞龙松能够旺盛地生长，我们全家每年都让它过一回酒瘾。"的确，花谚中早有"人喝啤酒发胖，花喝啤酒发壮……啤酒含的营养多，浇花花繁叶更茂"，还有"花喝啤酒，花期能长久"等说法。这是因为米酒、啤酒以及葡萄酒中含有糖、磷酸盐、氨基酸及其他营养物质，可以为大多数花卉的枝叶提供多种营养成分，难怪它们爱喝呢！

但是，正如世间有爱喝酒的人，也有不爱喝酒的人一样，植物界中有"酒徒"，也有洁身自好、滴酒不沾者。巴西亚马孙河流域生长着一种草，叫测酒草，它对酒极为敏感，避之唯恐不及。喝过酒的人靠近它，即使口中存留一点酒味，也会使它的叶子"深感厌恶"地卷起来。

书香门第"香"在哪里

赵 伟

我们常称祖辈上有读书人的家庭为"书香门第"。但"香"来自哪里呢？有人以为"书香"的"香"指的是书的香。这样的理解好像也没错。可书又因何而"香"呢？难道白纸写上黑字就香了？事实上，多数的墨迹是臭的，因此，"书香"的"香"一定不是来自墨香。那么这"香"到底是什么香气呢？原来，古人为了防止书籍被蠹虫损坏，一般会在书页里面夹上几片香草。这种香草叫芸草，是多年生草本植物，有特异的清香，即使枯萎香气也不会变淡，它可以驱除蠹虫，古诗中就有"芸叶熏香走蠹鱼"的描写。所以"书香"的"香"指的是"芸草香"。

因为书中常夹芸草，所以，与"芸"字有关的词多与书籍有关。例如用"芸编"指书籍，"芸帙"指书卷，用"芸阁""芸馆"指代书斋，甚至国家藏书阁也被命名为"芸署"，负责校勘书籍、订正讹误的校书郎雅称为"芸香吏"。唐代徐坚的《初学记》中说："芸香辟纸鱼蠹，故藏书台亦称芸台。"这些都是从芸香而来。

不过现在已很难见到芸草的踪迹了，为了防蠹虫，人们多使用樟脑丸、檀香片之类。书香情怀对善于想象与怀旧的文人来说，也只能是书卷里所蕴藏、积淀的一种说不尽的历史记忆与个人缅怀罢了。

·摘自《读者》（校园版）2020 年第 9 期·

植物怎么"看"世界

徐 冰

现代研究显示，植物也有嗅觉、听觉，当它们陷于困境时会做出防御，还能提醒周围的植物，它们甚至还拥有不同类型的记忆。有科学家认为，植物也是复杂的生物体，过着丰富而感性的生活。

有科学家认为，人们看不到植物移动，并不意味着在植物体中没有一个丰富的、动态的、多元的世界。难道无声的植物们真的拥有自己独特的表达方式，只是我们从未察觉？

植物"思维活跃"

植物遗传学家、诺贝尔奖得主芭芭拉·麦克林托克称植物细胞"具有思想性"，而达尔文也曾经写过有关根尖"大脑"的文章。看来，植物具有"意识"这个疑问早就被科学家们提出,但植物真的存在"意识"吗?该怎样科学合理地解释呢?

植物基因组国家重点实验室研究人员说:"植物与动物是不同的,动物的思维主要是通过神经细胞,植物体内没有神经组织,所以不会像动物那样拥有意识。虽然没有意识,但是植物拥有所有生命体共同的生命特征,那就是趋利避害的特性。这种特性可以让植物对外界环境的改变做出反应。但这种反应通常是隐性的,不容易观察到。"

提到植物的"意识行为",我们不免想到含羞草。它在受到外界刺激的时候,会把叶片瞬间收拢起来,这种看似带有"意识性"的举动该如何解释呢?

"这主要是因为植物细胞中钾跟氯离子的平衡受到刺激后被打破,导致叶片中的水分通过茎流入植物根部,叶子细胞组织的张力下降至叶下垂。"研究人员说:"植物这些能瞬间做出的反应,和动物的神经系统的反射完全不同,你可以把植物这种瞬间做出的动作理解为植物进化出来的一种'机械式'的机关。好比老鼠夹子,你一动,它就夹上了,专业地来说叫'信号传导'。信号传导有两种,其中一种是受到外界环境刺激时,细胞的活动快速反应造成植物体内发生生理变化;还有一种是通过基因的表达和蛋白的产生而形成的变化,这种反应需要的时间较长。我们应该将思考与信号处理分开来看,不能混淆。"

植物"性情迥异"

之前有科学家做过实验:从同一个母体植物上切下来的两个切片,或从同一个母体植物上克隆的两株小植物,即使在相同条件下对它们进行培育,它们也会表现各异。

对于这种生长差异，研究人员说："这里就要提到'表观遗传学'。其中一项便是植物的生长可以随着环境的变化来进行自我调控。比如我们将同一种植物一南一北种植，那么植物生长的大小便会存在差异。外界的环境会调控植物基因表达，因此，植物所产生的蛋白不同、代谢不同，最后造成外观上的差异。"

他还说："光是植物生长发育的主要环境影响因素之一，而且是作物产量的重要决定因子。植物几乎能够感受各种层次的光，包括光照方向、光照持续时间、光量度以及光的波长；而植物的生长和繁殖要在一定的温度范围内进行。在此温度范围的两端是最低和最高温度。低于最低温度或高于最高温度，都会导致植物体死亡，不同的温度环境也会导致植物形态上的差异。此外，土壤性质的一些差异也会引起植物生长发育的变化。"

植物"记忆丰富"

美国的测谎专家巴克斯特曾做过一个实验，在植物叶子上接上了一个测谎器的电极。为了证明植物具有记忆力，巴克斯特将两棵植物并排放入一间屋内，然后让6个人穿着一样的服装，戴着面罩，从植物前面走过。其中一个人将植物毁坏，之后，再让他们从植物前面走过，当那个毁坏植物的人经过时，记录纸上出现了强烈反应的记录。

植物何以有如此灵敏的神经系统和复杂的反应行为，难道它真有一个"记忆库"吗？

通过巴克斯特的实验，科学家们得出结论：那是一种名叫茉莉酮酸的化学物质在起作用。植物激素把植物体内的亚麻酸转化成为茉莉酮酸，这是一种类似动物体内的前列腺素的化学物质。

植物 "社交广泛"

一项最新的研究显示，植物之间的交流，可以在根与根之间传递信号。而这些另类的交流方式"归根到底是因为刺激导致植物激素或其他次生产物的产生、释放和邻里植物的接收及响应"。

研究人员说："植物的交流主要是依靠激素或其他次生产物的分泌，植物激素散发在空中，就会导致旁边的植物相应地产生植物激素。同一个植物经过一次干旱以后，就会产生一种适应于干旱的植物激素，以做好下一次干旱来临时的对应措施。简单地说，就是植物基因的相关表达加快或降低产生了适应性。与相邻植物的交流传导，主要是因为它在面对干旱的时候，会相应地分泌一些植物激素。比如我们现在喷洒让果实成熟的乙烯，也是根据外界的刺激会让植物蛋白发生变化这一原理来进行的。"

·摘自《读者》（校园版）2013 年第 1 期·

树是居于地球的"外星人"

【美】Yves Sciama

王 隽 译

封存碳元素、促进生物多样性的发展、为土壤提供肥料和保护、带来清凉和降雨……要是忽视像树这样珍贵的盟友,那人类可真是疯了。因此,我们需要深入了解这个奇异的合作伙伴。大量科学研究证明,同样基于 DNA 分子代码生长的树,在很多方面可被视为植物中的"人类"。

人与树的相遇是一场高层次的对话。树统治着植物界,而人类则统治着动物界。和人类一样,树也为很多物种开辟了宽广的栖息地。二者的共同点还在微生物方面。树和人类都拥有复杂的微生物区系,在某种层面上,树还供养着体积远比微生物更大的物种,比如授粉的蜜蜂、传播种子的松鸦。

树和人类的另一个相似之处在于，树也极为敏感，它们对环境中的细微变化会产生反应。和人类一样，树也是社会生物，它们也会进行"社交"。树与树之间通过空气和土壤交流，实现协同和互助。研究人员最近在新西兰发现了一株"年事已高"的贝壳杉，它已经丧失了进行光合作用的能力，如果没有周围"年轻"树木的帮助，它可能早已死去。

拟人化的局限

"还是将树视为比人类更早繁衍于地球的地外生物比较妥当。"弗朗西斯·阿雷这样认为。他长期研究人与树之间的区别，并将成果汇总为一本书。

阿雷指出，树是平面的，而人类是立体的。一个人的皮肤面积差不多是 2 平方米；而一棵树的面积，算上叶片的面积是一个人皮肤面积的 1 万倍。树通过叶片表面吸收阳光获得能量，而人和其他动物则食用植物或猎物，以化学方法摄取能量。追溯起源，我们不难发现：植物是固定于一处的，它们只能尽力扩大自身的面积；而动物是可以移动的，体形就相对紧凑。

树还有一个奇特的地方：它们是"去中心化"生物。即使一棵树 90% 的叶片被蚕食或者 90% 的树根被破坏，它仍然可以依靠剩下的 10% 重生。树没有了重要的器官仍有可能存活，但换成任何一种动物，都难逃一死。

更令人难以想象的是，森林中不存在个体的概念。以一棵生长在草原上的相思树为例，它的根部在地下迅速蔓延，并长出数千棵新的相思树——这些树都来自同一颗种子。每当一株新芽萌发，随后分生的枝丫在遗传层面上都是自主进化的。研究人员发现，在同一株树干上，不同的树枝可以拥有不同的基因，基因之间甚至存在竞争关系。这无疑加速了树的进化过程。

试想一下，一棵长期生活在干旱环境或遭受不知名害虫侵袭的橡树，如果其上百条树枝中的一条发生保护性突变（如需水量降低、产生杀虫毒素），那么这条树枝的发展势头就更好，而带有该有益突变的橡实来年就将逐渐遍布整片橡树林。

比外星人更令人费解

与树相比，人类的进化速度要慢得多，且没有那么精细，要知道，树可以根据环境实时调整自己的基因，这也是植物进化的本质：树不能像动物那样躲避不利的状况，它们进而深耕遗传学，并成为此中高手。因此，一棵栎树拥有两倍于人类的基因并非偶然。如今，唯一幸存的人属只有一种，而树的种类多达 6 万余种。另一个值得注意的区别是，与人类消灭其他物种的倾向相反，树与其他物种（如菌根真菌）的关系以合作为主。

固定生活、集群分布、去中心化、协同合作……树简直比科幻作家想象出来的外星人还要令人费解。

最后，人与树的根本性区别在于，这些"外星人"出现得更早，寿命更长。由于不具备基因老化的机制，只要不因外力（如砍伐、干旱、疾病）而丧生，树可以屹立几个世纪甚至数千年。正如弗朗西斯·阿雷总结的那样："如果动物是空间的主宰，那植物就是时间之主。"

重新用树装点地球，最大的问题在于时间，今天种下的一棵树，其对气候的改善作用得等 15 年至 20 年才能显现。我们无法与树的生长节奏讨价还价，只有配合。首先应在全球范围内停止滥伐树木，每一棵树，特别是每一棵年轻的树，都应被视为珍贵的资产。因为这些树龄不长但体积不小的树吸收的碳是最多的。

人类对自身与树木之间的差异并不了解，这在很大程度上导致过去人类在植树造林方面犯下了许多错误。"现在我们明白，必须在尽可能多的地方让树自行恢复生物多样性，并发挥协同作用。"法国热带森林专家克洛德·加尔西亚解释道："这要比单一种植一些外来物种更有效。"当前，人类几乎占据了地球的每一个角落。如果每个人都能重视与树结盟的重要性，那么，在地球上种植超过 1 万亿棵树就变得更为可行。如此，人类就能拥有一支庞大的"外星人"盟军。它们与我们并肩作战，守护地球这个共同的家园。

·摘自《读者》（校园版）2020 年第 11 期·

用面粉和蔬菜拍出手机大片

蔡　娴

　　把挂面一根根错落地插在米盆里，就可以变成《卧虎藏龙》里经典的竹林打斗场面；将黄色灯笼椒切开，辅以手机打光，1983 年版《射雕英雄传》的经典片头就跃然眼前；连啃过几口的苹果，居然也可以是一座难以逾越的高峰……

一根葱引发的奇妙视角

　　在工作之余，很多人都爱上了厨房，简直要把自己折腾成"中华小当家"。李晓栋也总喜欢泡在厨房，但他并不是沉迷厨艺，而是用手机将食材拍成了大片。

　　美术出身的李晓栋已经专职从事数字艺术教育 15 年了，他的一个身份是职业教育机构的老师，而另一个身份则是网络视频红人"轩宝爸爸"。他打造的大片已经得到了280多万的粉丝数。

因为主要工作是教学生计算机动画和影视特效后期，平时喜欢琢磨手机摄影的李晓栋，也常常会把摄影心得分享给学生。

2月的一天，李晓栋在厨房做饭的时候，偶然拿起刚切下的葱段，用手机的手电筒照了一下，并从葱段内部的视角拍了一张照片，一看居然拍出了大片般的效果。于是，李晓栋将其研发成一个案例，给学生分享如何通过日常的食材和生活用品去拍一些有意思的视频和照片。

《一根大葱拍大片》因此亮相网络，没想到引起了网友们的热烈反响，视频很快就达到几十万的播放量。很多人纷纷拿起手机学着拍，甚至有网友说："为了拍照片，我家炒菜都没葱了。"

网友的热情出乎李晓栋的意料，于是，他开始尝试用食材进行更深入的创作。光是拍食材总觉得少了点什么，李晓栋灵光一闪，用黑色画笔画出类似剪影的纸片人，再将纸片人放到青椒、西瓜、面包等食材中。这画面一下子就让人觉得充满了故事感。

所见之物皆可有趣

李晓栋做的不少视频题材是与《西游记》《红楼梦》《水浒传》等经典名著，以及《英雄》《卧虎藏龙》《大话西游》等经典影片的主题相关的，引起了很多人的共鸣。以表面凹凸不平的生姜为山，以细软的茴香苗为柳，面粉层层铺撒好似落雪，当宝玉和黛玉的纸片人进入场景中，配合加湿器喷出的水雾……瞬间还原了这个如同镜花水月又终将破灭的凄楚故事。为了更好地呈现视频效果，李晓栋会反复观看和揣摩这些经典桥段。

短短几十秒的视频，看似一气呵成，背后则是李晓栋反反复复的摸索和试错。就拿关于《红楼梦》的视频来说，李晓栋最初选用香芹和韭菜做背景里的垂柳，结果因为比例问题，镜头里的它们更像是粗壮的热带植物。李晓栋去超市买菜的时候，在蔬菜区找了个遍，终于发现叶子特别细碎的茴香苗更适合作垂柳。"食材其实会有很多的限制，你只能根据食材本身的形状，来构思它被摆成的造型，这是需要花时间去琢磨的。可能因为自己是学美术的，所以对画面要求比较高，碰上不协调、不搭配的问题时，就需要来来回回地调整和调换，这其实挺麻烦的。"

从蔬菜、水果、面粉、零食，到牙刷、地毯、红花油……李晓栋使用的道具并不拘泥于食材，他擅长从生活中寻找灵感，甚至洗碗都能洗出水帘洞的场景来。李晓栋对自己的拍摄要求是，每次都要比之前拍的东西更有吸引力，最好是大家想象不到的东西。虽然道具的使用效果出人意料，但实际上李晓栋选择的道具，几乎都是生活中的常见之物。他认为，这些更适用于短视频："用生活中常见的东西可能会比较好玩，也比较接地气，容易让大家产生共鸣。如果把我们做影视特效的那套东西搬过来的话，可以做出比这个好十倍、百倍的效果，但那就没有意义了，离大众太远。用这些日常的东西做道具，就会让人更有亲近感，大家会觉得这是自己也可以做到的事情。"

为创作"充电"

除了给学生们发布视频课程，他也收到了一些公益教育平台的邀请，免费给大学生们讲课，分享这些视频的制作方法。李晓栋说："因为很多大学生还没有开学，通过在线课程让他们了解一下短视频的制作，可能也会让他们产生一些新的兴趣爱好。"

虽然接触手机摄影已经有很长一段时间了，但李晓栋真正开始用手机拍大片只有短短两个月。能得到这么多人的喜爱和关注是他始料未及的,甚至他创作的《当幸福来敲门》的主题视频还被威尔·史密斯本人"翻了牌",并盛赞李晓栋的作品"Amazing"!

这些对李晓栋来说,都是源源不断的动力,鼓励着他不断去创作更好的作品。因此,李晓栋也不断在给自己"充电",想给视频创作带来更丰富的内容。"我正在学习雕塑,将来或许可以把现在的纸片人都做成立体的,再涂上颜色,可以提升丰富性。"李晓栋也在计划进行系列创作,可以根据不同的题材分成不同的大类。他还希望有机会能结合自己的专业,用动画做一些延展:"从开始摸索到现在,其实也只有两个月的时间。这类视频的呈现方式比较新颖,但要达到成熟的状态,还需要长时间的打磨。它现在还比较稚嫩,还有很多可以提升的空间。"

·摘自《读者》(校园版)2020 年第 13 期·

雨具发明的传说

凯　叔

在雨伞发明以前，下雨时人们就用一大块木板或者大树叶，顶在头上避雨。

后来，人们发明了车子。坐车的人也需要避雨，人们就在车上装一根木头柱子，柱子上顶着一个圆形盖子，既可以遮阳，也可以挡雨。这就是车盖。皇帝乘坐的车子上的车盖又叫作华盖。普通的车盖是用草编的，华盖则是用竹子编成骨架后，在上面绷一层绸布做成的。这些车盖或华盖都很大，有点儿像现在沙滩上的太阳伞，伞面很大，伞柱又粗又结实。

如果把车盖拆下来，拿在手里，不是也能挡雨吗？于是，人们就把车盖做成了活动的，平时装在车上，下雨的时候拿下来。这车盖又大又结实，打仗的时候还能当盾牌用，可是下雨的时候，这么大的伞拿在手里，非常不方便。聪明的古人就把车盖做得小一些，伞柄也做得细一些，方便拿在手里。这就是最早的雨伞了，那时候并不叫伞，而叫簦。

后来，人们又想，下雨时伞拿在手里，干农活的时候多不方便啊，能不能把簦做得小一些，再把柄去掉，像个帽子一样顶在头上呢？人们就发明了笠。

戴上斗笠，身体还是会淋雨，能不能也给身体挡挡雨呢？聪明的古人又用草编成斗篷的样子披在身上，这样就可以防雨了。这就是古代的雨衣，又叫"蓑衣"。一首词牌为《渔歌子》的词写道："西塞山前白鹭飞，桃花流水鳜鱼肥。青箬笠，绿蓑衣，斜风细雨不须归。"这里就提到了"笠"和"蓑衣"。

·摘自《读者》（校园版）2020 年第 15 期·

转基因大树有望替代路灯

佚　名

夜间发光的树可能很快会成为街灯的天然替代品。美国加利福尼亚州发光植物项目的研究人员把萤火虫体内的发光基因转移到植物上，使它们在黑暗中发光。这个科研组希望把这项技术应用到较大的植物和树木上，将来用它们替代电灯。

英国剑桥大学的安东尼·埃文斯和美国斯坦福大学博士凯尔·泰勒以及奥姆雷·阿米拉夫·迪罗里，已在加利福尼亚州的一个"自己动手做"生物实验室培育出了夜间发光植物。这个科研组从可进行生物发光（生物发光是一个使这些动物的身体自然发光的过程）的萤火虫和发光蠕虫身上获得了灵感。

埃文斯和他的科研组把这些基因放进液态农杆菌中，然后把这些细菌浇灌到植物上。农杆菌能把基因转移到植物内，这些细菌被加入发光基因后转移到植物体内，从而使植物在夜间发光。科学家通过重新设计DNA序列制造出这些基因。

　　他们已成功制造出较小的发光植物，如今正为把这项技术应用到较大的植物和树木上，通过网站进行筹款。迄今为止，它已得到5000多人支持，筹集到18.3万英镑。

·摘自《读者》（校园版）2013年第20期·

植物能长的，我们就能合成

佚 名

我们现在的生活，已经离不开各种合成材料，例如尼龙、塑料等。它们都是通过化学合成得到的。不过，化学合成所涉及的，仅是一系列无生命的工艺流程：反应、催化、蒸馏……合成生物学在此基础上又进了一步，它把一些有机生命当作一部部活的机器，经适当改造之后，利用它们就可以合成我们想要的东西。

青蒿素的发现

青蒿素的故事始于1967年。当时为了帮助在战争中饱受疟疾折磨的战士，人们发起了寻找抗疟疾药物的研究。经过艰苦的攻关，一位叫屠呦呦的研究人员在尝试用传统中医药物配方治疗发烧病人时，无意中遇上了青蒿。

1979年，当青蒿中的活性成分——青蒿素被公之于众的时候，国际上普遍对此持怀疑态度：青蒿素看起来太不稳定，不可能成为神奇的良药。而它的中医背景，更加重了人们的疑虑。

直到1999年，当一家瑞士的制药公司开始出售含青蒿素的抗疟疾药物时，局面才发生了戏剧性的变化。人们发现，若把青蒿素和其他类型的抗疟疾药物混合使用，疟原虫就很难进化出耐药性。自此，青蒿素才被大家刮目相看，并被世界卫生组织推荐为首选的抗疟疾药物，全球范围的使用量从2002年的60万次飙升到2004年的500万次，依靠青蒿种植已经远远满足不了青蒿素的生产需求。

让微生物来合成

差不多与青蒿素的发现同一时间，一门新兴的学科——合成生物学正在发展起来。一些生物学家试图让人相信，微生物也可以被转变为能够合成各种材料的"化工厂"。美国生物学家简·吉斯林就是其中的一位。为了证明这种设想并非空中楼阁，他决定先从合成一类叫作"类异戊二烯"的有机分子入手，因为这类分子具有广阔的商业前景，而且常见于植物和动物体内。

但类异戊二烯是一个很大的家族，具体选择哪一名成员好呢？一天，吉斯林的一名学生把一篇有关青蒿素的论文拿给他看。吉斯林眼睛一亮，心想：好，我们要合成的就是它——青蒿素！

为什么青蒿素会让吉斯林眼睛一亮？因为青蒿素可以从另一种叫"紫穗槐二烯"的有机物衍生而来，而这种有机物恰好是类异戊二烯家族的成员。

为了利用微生物来合成青蒿素，吉斯林的团队先在青蒿上找到与制造青蒿素有关的基因，把它分离出来，并植入啤酒酵母菌。一开始，这个基因移植之后并不工作，但是经过多年的改进，到 2006 年，酵母菌终于生产出了青蒿酸。有了青蒿酸，把它转变为青蒿素就是很容易的事。

通过这种办法生产青蒿素，不仅可以保证产量，还极大地降低了成本，这为全世界上亿人抗击疟疾提供了巨大的帮助。据统计，2013 年酵母菌生产的青蒿素大约是 35 吨，占全世界年产量的 1/3。2014 年的产量是 50 吨~60 吨，足可治疗 8000 万~1.5 亿疟疾患者。

合成生物学走向生活

除了制药业，食品工业也极大地受益于合成生物学。很多以前只能从植物中提取的化学物质，从香精、调味品到食品添加剂，如今也已经能利用转基因微生物大规模生产。事实上，其中的某些东西说不定你已经在使用了。

例如，桔烯原本是从产于西班牙瓦伦西亚地区的橘子中提取的一种柑橘类香精。由于受产地的限制，产量有限。但自 2010 年以来，已有两家公司通过微生物来酿制桔烯，产品被销往世界各地，用于制作各种饮料和香水。

另一个例子是香草精。大多数香草精原本是从树木或煤中用化学方法提炼出来的。香草精在大自然中存在于香草兰的荚果中，而香草兰荚果的生产和提炼，费时费力，产量低下，这使得香草精成了全世界第二名贵的香料。但现在，一家瑞士制药公司已经用转基因的酵母菌生产香草精了。据称，通过这种方式获得的香草精品质更优良。

合成生物学甚至还可以弥补自然的缺陷。譬如我们知道，所有生物的 DNA "大书"都是由 4 个碱基"字母"书写的。由于在 DNA 指导合成蛋白的过程中，每 3 个碱基对应 1 个氨基酸分子，而 3 个碱基的排列组合数十分有限，所以自然界中仅存在 20 种氨基酸。但在前些年，生物学家将 DNA 的碱基"字母"一下子扩充到了 6 个。扩充之后，能合成的氨基酸种类一下子增加了 152 种。把新碱基添加到细菌的 DNA 上，它们就能为我们制造出无数自然界原先不存在的新蛋白。

有了合成生物学，我们可以有把握地说：任何一种名贵的东西，只要植物能长，我们就有办法合成。

消失的物种

程曼祺

这可能是全世界最悲哀的节日了。在 2015 年"国际生物多样性日"的纪念大会上,《中国生物多样性红色名录》(以下称《名录》)发布,《名录》显示,我们与 27 种高等植物和 4 种脊椎动物彻底告别。

和珍稀动物界的"明星"大熊猫、藏羚羊相比,这些已灭绝生物的名字鲜为人知:拟短月藓、单花百合、滇螈、异龙鲤、大白鳞鱼、茶卡高原鳅……

而更令人黯然神伤的是,若要给所有这些消失的物种建造一座"墓园",连找齐它们的"遗像"和"生卒年"等基本资料都很难。

"离别时分,遗憾的是,我们没有好好说再见。"少年派在漂流结束后,望着猛虎离去的背影念叨。

1916年，撰写《中国植物志》的韩马迪在云南丽江采集了拟短月藓，把它保存于美国自然历史博物馆。如今不仔细观察的话，这个99岁"高龄"的标本只是一小堆土块。

眼下，只能从短月藓的照片来想象拟短月藓的芳姿了：纤小细软的身子呈黄绿色或褐色，爱栖息在潮湿的树干上，对茶树尤为痴情。

单花百合的标本则被收藏在爱丁堡皇家植物园里。泛黄的底纸上花朵低垂、茎叶墨绿、花瓣砖红，如一对颔首多年的睡美人。

可惜自然界没有童话，单花百合等不到苏醒的那天。在即将到来的夏日花期，这位美少女再也不能穿上清丽的黄绿色衣裙，迎接生命中最美的绽放了。

如果说拟短月藓和单花百合的离去是"开落空谷无人知"，那么异龙鲤的灭绝就是一桩"家族惨案"。这种中国特有的鱼类本是云南异龙湖中常见的物种，但在1981年4月的大旱中，异龙湖干涸达20多天，异龙鲤在此次灾难中灭绝。

离它不远处，生活在云南滇池水域的滇螈也因水污染、围湖造田和外来物种入侵等生存困境，于20世纪70年代末在野外绝迹。

滇螈的皮肤黑橙相间、水润光亮、脑袋圆圆、四肢纤细、拖着一条大长尾巴，像"萌版"的蜥蜴，又像"炫版"的娃娃鱼，昆明人把这种体长12厘米左右的小东西就叫"娃娃蛇"。

20世纪初，"娃娃蛇"还不时误入设在滇池中的渔网，而如今，老渔民的子孙只能去博物馆或书籍中找寻这儿时记忆中的小伙伴了。

拟短月藓细小得不起眼，单花百合孤傲地生长在海拔4000米的空旷地带，异龙鲤和滇螈生活在高原内陆湖泊闭塞偏远的环境中。它们无须得到人类欣赏，而人类的花圃或厨房里也没有它们的一席之地。

但生物圈牵一发而动全身。《名录》中的评估结论指出，人类活动导致的生态环境破坏，是造成物种濒危的最主要原因。反过来，物种灭绝也会给人类的生存带来影响。

抛开这层功利的共生考虑，一种需要引起人们注意的现实是，对这些已逝的地球邻居，我们并没有掌握太多详尽的资料，比如一张高像素的彩色图片。直到最后，铭文尚残缺不全。

单花百合和滇螈等只是"告别"长队的冰山一角。根据《名录》，在被评估的 34450 种高等植物中，9 个里面就有 1 个正受到威胁，中国特有植物的受威胁率超过 6 成。在除海洋鱼类外的 4357 种脊椎动物中，受威胁的物种共计 932 种，中国特有动物的受威胁率接近 1/3。

也有好消息，《名录》显示，相比 2004 年的评估情况，大熊猫的濒危等级由"濒危"下调到了"易危"；藏羚羊则调整到了"近危"，脱掉了"受威胁"的帽子。

正是在《名录》发布的前一天，一位"不速之客"闯入了甘肃插岗梁自然保护区。当地恰瓦村的村民发现了一只正朝村口河边去的大熊猫，而这是保护区成立 10 年来首次发现野生大熊猫。

不同于伤感和郑重的永别，哪怕一瞬间的再会也令人欣喜。

看到有人站在对面时，这只健壮的大熊猫飞快地从路边陡坡窜到了下方的公路，在趟过小河后，消失于密林深处。

·摘自《读者》（校园版）2015 年第 16 期·

我们对城市的 500 种野鸟一无所知

卫潇雨

2015 年秋天,五星传奇团队刚刚拍完《第三极》,从青藏高原下来。在办公室开会的时候,一只红隼从窗外掠过。红隼是国家二级保护动物,也是北京最常见的一种猛禽。它喜欢高处。当天,它可能刚好从位于 23 层的办公室盘旋飞过,隔着玻璃,能看到它翅膀上渐变色的花纹和尾羽末梢统一的白斑。

《第三极》的导演曾海若首先认出它来了:"嚯,红隼!"

居然有猛禽生活在这里。"那么松鼠呢,乌鸦呢,黄鼠狼呢,流浪猫呢?"《我们的动物邻居》的监制杜兴打开电脑,在新文档里写下一句话:"居住在城市里的,除了人,还有动物。"这个拍摄项目的代号就叫"动物居民"。

野生动物比我们想象的更为密集地遍布城市周遭

杜兴找到《我们的动物邻居》的导演阎昭的时候,阎昭觉得挺简单,"不就是拍一拍乌鸦和鸽子吗? 没什么难的"。阎昭首先提出,他想拍小嘴乌鸦。北京的乌鸦是从哪儿来的,它们为什么选择北京? 万寿路、西单大悦城和北京师范大学的乌鸦,就像生活在这里的"社畜"一样,在人们上班早高峰时它们也出门,夜晚回到树上睡觉。那白天乌鸦去哪儿了?

阎昭想搞清楚这些问题,他找到一位研究鸟类的教授,对方说,北京的乌鸦至今是个谜,"最常见的反而是未知的"。

在前期搜集资料时,阎昭发现,几乎没有针对城市里的野生动物的现成信息。科学界大都关注大熊猫、朱鹮、雪豹这类"明星物种",鲜有人研究我们身边的乌鸦、螳螂、红隼、刺猬、黄鼬,"它们没有自己的身份和档案"。

在北京寻找乌鸦时,阎昭发现,万寿路的乌鸦每天定时往西北方向飞,他推断乌鸦可能去了垃圾场。一次,在去十渡拍摄的路上,阎昭闻到一股臭味,远远一瞥,有个露天垃圾场。他马上找地方停车,下车拿望远镜一看,在一览无余的巨大填埋场里,密密麻麻的都是乌鸦。

在拍摄过程中,阎昭发现乌鸦的智商很高,比如夜宿时,"乌鸦降落的时候非常小心,它们不是直接落在树上,而是先从四面八方聚集,落在旁边的高楼上,观察一会儿,等天完全黑了,像是有个信号,所有乌鸦再全部降落在树上"。在走路的时候,它们两只脚呈外八字撇着,像极了背着手的小老头。

呈现在片子里的是凌晨时分,最勤奋的一批乌鸦出发,追踪着城市垃圾的动向,去往北京周边几座大型垃圾处理中心的填埋场,吃北京城市人口剩下的食物垃圾。你昨天没吃完扔掉的外卖，或许就是它们今天的早餐。晚上乌鸦回市区的理由更朴素：由于热岛效应，市区至少比郊区温暖5℃，它们甚至会享受地铁口排出的温暖空气。

像乌鸦一样，野生动物和我们分享这座城市，国贸CBD的大楼间隙，红隼与喜鹊、乌鸦缠斗不休，只为了夺取一块广告牌的领地；建外SOHO的草坪里，刺猬在夜晚出来觅食；游走于村庄附近的猕猴靠村民储存的玉米和白菜越冬；跟随栖身的大树一起从远郊来到广场中心的螳螂、公园修补树洞后因找不到巢穴而大打出手的鸳鸯、为了养育后代在公园垃圾桶里找食物的松鼠……如果算上城外的郊野，野生动物比我们想象的更为密集地遍布城市周遭。

北京，这座容纳上千万人口的超级大都市，同时也是众多野生动物的家园。杜兴在胡同生活过，每天下午3点，胡同里的流浪猫会聚集，像开会一样。世界是属于它们的，流浪猫成群结队地在屋顶上行走，像在巡视这座城市。在拍摄法源寺的时候，中国佛学院的小和尚们上完早课，渐次撤出佛堂，流浪猫跟着走进去，一只猫占一个蒲团，躺下来睡觉。

城市里面也有自然

《我们的动物邻居》在中央电视台首播。此前杜兴去中央电视台汇报，站在中央电视台的大楼上，从高处透过玻璃看下去，是繁华的东三环。"这里是北京最热闹的地方，立交桥上车流轰鸣，但是在地下桥墩和桥面的缝隙里，有一种无脚鸟，就是王家卫电影里的那种鸟，它们就在这样的地方生活。"

这种无脚鸟通常指的是雨燕。它们的爪子极其弱小，一旦落地便再也不能起飞。因此，雨燕吃饭、睡觉都必须待在高处，借助于俯冲再次飞起来。

雨燕在北京生活了 700 多年，这种体重只有三十克左右的小鸟每年冬季要跋涉半个地球去非洲过冬，单程 1.6 万千米，春天再精确地返回北京。每只雨燕的嗉囊能储存 400 只昆虫，夏天要捕捉 25 万只昆虫才够幼鸟吃。

阎昭看到密云养鸡户王申福发的微博，称他的鸡舍的鸡经常莫名失踪，只留下一部分尸体和羽毛。

阎昭便带着红外相机去了农场，打算探究一个最简单的问题：到底是谁偷了鸡？

相机放了几天，在鸡舍门口捕捉到一只獾的脸。后来，阎昭找到獾的粪便，又在粪便旁放了一部相机。这次，他不仅拍到那只獾经常走来走去，还找到了它的洞穴。洞穴就在鸡舍旁边，深邃复杂，看起来是一代又一代獾集体打造的，可能有上百年历史。王申福开始想，搬过来几年这里都没发生过意外，生性胆小怕事的獾怎么突然开始偷鸡了？

起初，王申福心疼自己的鸡，一只鸡 200 元，几天就损失了一笔钱。但从视频里看到这只獾，发现它长得还挺可爱后，王申福喜欢上了这个偷鸡贼。他判断獾可能怀孕了。

视频拍摄结束，王申福提出，希望留下红外相机。最近一年多，王申福通过观察这只獾的行动，拍到了更多珍贵的镜头。生了小宝宝，獾带着小宝宝进出洞口。担心小宝宝没有东西吃，王申福主动把鸡蛋留到洞口，视频里，那只獾滚着鸡蛋推回了自己的家。

生活在城市里的动物，它们身上发生的故事可能不像非洲大草原上的动物迁徙那样震撼，但这也正是它们独有的魅力所在——它们就在我们的身边。堵在高架桥、坐在格子间、走在马路上，我们就能看到活的、真的、未被豢养的、自由自在的野生动物，旧房里的壁虎、马路上晒太阳的螳螂、家门口的小家鼠……它们和我们一样，安家、求偶、繁衍。

看动物，也是在看自己

片中的李翔，就遇到了一对辛苦养育子女的红隼"夫妇"。那时李翔刚刚搬到新家，准备在夏天到来之前装好空调。然而她发现，这对"夫妇"提前占据了空调机位，还留下三个褐色的蛋。

李翔决定不去打扰它们，等小红隼成年后再装空调。"它们能在这里安家，那真的是找不到其他地方了"，"长安居大不易"，李翔想起自己初到北京，遇上工作调动，时间紧急，在北京走了一天也没找到合适的房子，她在红隼身上看到了曾经当街大哭的自己。

过往的自然纪录片，创作者大多专注于对自然现象的解释或者对某类动物的科普，片中的人物，大多以专家或研究者身份出现。《我们的动物邻居》的镜头，则对准每天蹲在奥林匹克森林公园看小松鼠的博物编辑，或者家住燕郊，每天坐 4 小时公交车到市区的公园看鸟、拍鸟，再坐 4 小时公交车回家的老人……杜兴说，这些人已经超越了所谓专家的身份，"我们想拍人怎么亲近动物、了解动物、观察动物，以及他们怎么理解世界"。

在拍《我们的动物邻居》之前，阎昭认识的野生动物并没超出在动物园里常见的那几种。拍完后，他发现原来身边到处都是野生动物：麻雀和喜鹊经常一家子一齐出现；很多小区里有蜘蛛、壁虎；泥土里常有鼠妇，俗名西瓜虫，这是一种有几百万年历史的节肢动物。此外，他还认识了老城楼上的雨燕、朝阳公园的鸚鹋、天坛的长耳鸮。阎昭觉得，拍摄片子的过程，实际上是一个普通人逐渐接触自然、被自然改变的过程。

看多了红隼，他甚至能分辨不同年龄的红隼的喙部颜色，因为随着幼鸟长大，喙部颜色会由浅变深。"这部片子不是一部科普片，告诉你北京到底有多少种野生动物；也不是一部博物片，纯粹把动物当观察对象，介绍它们的习性。我们希望做一部人文类的片子。"杜兴希望能给观众提供一种新视角。片中的北京充满自然野趣，他说，"我想给人一种惊喜感，原来北京是这样的，原来我们还可以这样看世界，原来人还能有另一种活法。"

片子进入收尾阶段，预算不够了，杜兴找业内一位有名的调色师帮忙。调色师提出要先看看片子，看了一段，他说："不知道为什么，看到那只红隼在天上飞，我就开心，就是觉得爽。"

"那是 1：1 的比例，似乎能看到红隼巨大的黑眼珠里反射的景物。"阎昭经常在取景器里凝视动物，"在平常的情况下，我们觉得城市很大、动物很小。但是你真的和野生动物对视时，你会猛然发现它们也是有生命的活物。城市很小、动物很大，人类和动物都是平等的"。阎昭家门口有一棵柳树，树上有一种叫戴胜的小鸟。在一个冬天的晚上，他发现有只戴胜在树上趴着睡觉。早上，小鸟飞走了，整个白天不知所终，到晚上太阳下山，它又飞回来睡觉。4 月，天气热了，再也没见着小鸟，阎昭猜想它可能去找"女朋友"，要组建自己的小家庭了。"这件事我觉得像一个秘密，除了我和这只鸟，没有其他人知道"。这只鸟可能在柳树上待了很多年，每到春天离开，到冬天再回来，鲜有人注意到它。但这个冬天，阎昭和它的生命联系起来了。

有一天，阎昭在自己车子的车轮缝隙里发现了一只螳螂，"螳螂活得不容易，产几百只卵可能只能活下来一只"。阎昭蹲下来，把小家伙挪到了路边的灌木丛里。

去年春天，摄制组正在蹲守拍摄，长焦镜头对准百米外的楼顶。

杜兴拿出手机对准监视器，拍了张照片。远处是车水马龙的国贸桥，正值晚高峰，人们从格子间钻出来，车在三环上艰难地挪动。夕阳金闪闪的，风轻柔柔的，远处人影微小。

百米外的楼顶上，两只红隼在展翅。

·摘自《读者》(校园版) 2020 年第 17 期·

蔬果"老祖宗"原来长这样

佚　名

　　当我们的祖先首次见到一些蔬菜和水果时，它们可完全不是今天这个模样。近日科研人员发布了一系列图片，展现出一些常见蔬菜、水果"最原始"的面貌。自从 1.2 万年前农业诞生，农民就不断应用新的手段改进作物：从选择性地育种、育苗，到如今使用基因科学。这虽然改变了作物的样子，为我们的盘中餐增添了丰富的选择，但也带来了未知的风险。

　　根据一幅绘制于 1645 年至 1672 年间的画作，野生西瓜的果肉中有 6 个独立的区域，其间散布着许多旋涡状的"洞"。科研人员在传统的西瓜中加入了秋水仙碱，使染色体翻倍，让它们拥有红色的、肉嘟嘟的果实。

　　第一株香蕉大约被培育于 7000 年前，甚至是 1 万年前，在现在的巴布亚新几内亚一带，现代香蕉的祖先是小果野芭蕉，看起来有点儿像黄秋葵。

茄子的面貌也发生了巨大的变化。最开始，茄子的形状和颜色可谓千奇百怪，有白色的、天蓝色的、紫色的和黄色的，有些茄子还有"刺"。经过杂交育种，现在的茄子已经没有这些"刺"了，市场上卖的大部分是紫色的椭圆形茄子。

胡萝卜的起源可以追溯至 10 世纪左右的波斯和小亚细亚，它们呈紫色或白色的根状。

玉米最初是从一种几乎没法吃的墨西哥类蜀黍植物培育而来的。天然的玉米在公元前 7000 年开始被人类栽培，是干巴巴的样子，就像野生土豆。

美国伊利诺伊大学生物技术中心的执行主任切西说："人类对这些蔬菜、水果的改变如此巨大，以至于如今它们已无法离开人类培植、独自在野外生存了。"

·摘自《读者》（校园版）2016 年第 8 期·

雄树和雌树

【日】稻垣荣洋

周　唯　译

植物也分雌雄吗

猕猴桃的树分为雄树和雌树。

如果只种植雌树，不种植雄树的话，雌树就没办法进行授粉，也就没办法结出猕猴桃了。

银杏树也分雄树和雌树，只有雌树才会结银杏果。所以，有时候人们为了防止掉落的银杏果把道路弄脏，会只种植雄性银杏树作为行道树木。

植物也分雌雄，这可以说是非常奇妙了。

但是，细想的话，所有的动物都是分雌雄的。这样想来，同一个花里面有雌蕊，又有雄蕊，这种雌雄同体的现象似乎才更显得奇怪。

其实，在动物中，也有雌雄同体的现象，比如蚯蚓和蜗牛。蚯蚓和蜗牛，都没办法挪动到太远的地方去。所以，雄性和雌性能相遇的机会非常少。因此，为了不论遇到雄性还是雌性都可以延续子孙，蚯蚓和蜗牛就逐渐演变成了雌雄同体的状态。

自花授粉的缺点

如果同一朵花里既有雌蕊又有雄蕊的话，用自身的花粉给雌蕊授粉，然后结成种子，似乎是个便捷的好办法。但实际上，植物或借风力，或借昆虫，大都把自己的花粉运送到其他的花朵那里去进行交配。

用自身的花粉给雌蕊授粉的话，即使结了种子，种子也会保留和自己一模一样的性质。如果自身有一些缺陷的话，子孙后代也会继承这些缺陷。一旦这些缺陷蔓延开来，自己的子孙们就将遭受灭顶之灾。

如果和具有不同性质的其他个体交换花粉来进行杂交的话，就可以培育出具有各式各样特性的子孙后代。这样的话，不管环境如何变化，不管前一代有着怎样的疾病缺陷，都至少可以保证后代不会全军覆没。

保持子孙多样性的办法

但是，一朵花里面既有雌蕊又有雄蕊的话，就会存在用自身的花粉进行授粉的危险性。

为了防止这种情况发生，植物进化出了一种特别的结构。

植物的花朵中，雌蕊大多要比雄蕊高一些。如果是雄蕊更高一些的话，花粉就会从雄蕊上掉落下来。

　　除此之外，在一些植物的花朵中，雄蕊和雌蕊的成熟期也是错开的。比方说，雄蕊先成熟，雌蕊后成熟，那么就算雄蕊的花粉落到雌蕊上，没有成熟的雌蕊也不具备授粉能力，因此，也就无法结成种子。反之，如果雌蕊先成熟的话，等到雄蕊成熟了可以产生花粉的时候，雌蕊早就已经停止授粉了。

　　此外，有的植物还具有这样的结构：即使自身的花粉落到了雌蕊上，雌蕊顶端的物质也会对花粉发起攻击，阻碍花粉发芽，并终止花粉管的伸长。这种特性被称为"自交不亲和性"。

　　猕猴桃树为了不费这番功夫，从一开始就分成了雌树和雄树。

　　和其他的个体交换花粉，有利于子孙的多样性。但是，为了成功把花粉运送到其他的个体那里，植物自身必须产出大量的花粉。而且，如果不能很好地把花粉送到，也没办法结成种子。所以，从短期来看的话，用自身的花粉给自己的雌蕊授粉，从而结成种子的这种"自体授粉"方式更加有利。所以，无法接触到花粉的人工环境下生长的野草，和在人类保护下生长的作物，有很多都采取了这种自体授粉的方式。

·摘自《读者》（校园版）2020 年第 18 期·

人的道路是草的海洋

Ent

1989 年，有人发现英国伍斯特郡的 M50 高速路旁多了一种外来的植物——丹麦坏血草。这只不过是十字花科的一种小杂草，早在 200 多年前就被林奈描述过。因为传说它可治坏血病而得名，但是这年头谁还会得坏血病呢？

没人在意这个发现。可谁也没有想到，它将成为整个英国繁殖速度最快的植物。从 1989 年到 2002 年，仅在伍斯特郡，它就顺着公路延伸了 427 千米，相当于每小时前进 3.5 米。作为一种不能行走的生物，这个扩张速度十分惊人。

虽说英国本来就有这种草，但它以前只长在海滩上，这样的扩张是前所未有的。此外，它还有一个奇怪的特点：只沿着道路两侧延伸，仿佛在追随人和车的踪迹。

研究者很快意识到，这一切都是因为盐。

丹麦坏血草本来是一种滨海植物，常年与大海的接触令它演化出了耐盐能力。但因为人类，新的盐源出现了。过去的几十年里，人类在道路上撒了大量的融雪剂，其中包含很多食盐。随着化掉的雪，这些盐渗入道路周围的土壤。被盐改变的路边土地不再适合普通植物生存，却意外地变得和海滩、盐碱地有些类似——而这片新的土地，被丹麦坏血草发现了。

也许不该说发现，它的种子只是偶然地飘到了这里，大概是由车辆携带而来的。但如果草也像我们一样感知这个世界，那么对它们而言，路旁的土壤是应许之地，往来的车辆是呼啸的巨鲸，而除雪器撒下的食盐，则是带着海腥气息的浪花扑打在岸边卷起的千堆雪。在丹麦坏血草的眼中，人类的道路是新的大海。

谁知道呢，我们自己没准也只是生长在宇宙的道路两旁罢了。

·摘自《读者》（校园版）2019 年第 13 期·

澳大利亚的王者之树

SME

怒烧了 5 个月的澳大利亚大火，终于在 2020 年 2 月 13 日被扑灭。

在这场大火中，一种神奇的植物进入了大众的视野，它就是大家既熟悉又陌生的桉树。

大火还没被彻底扑灭前，在曾被火焰席卷过的土地上，桉树就已经"浴火重生"了。在之前被烧得焦黑的桉树树干上，嫩芽"破皮而出"，充满了生机。

不过，不少人也从快速恢复生机的桉树身上读出了一种"阴谋论"的感觉，认为桉树有"故意"纵火之嫌。而当我们真正了解了桉树与大火的关系，就会发现这更像一场"基因层面的屠杀"。

1

桉树是澳大利亚的国树，早在 16 世纪初欧洲人登陆澳洲大陆时，这里就已经遍地桉树了。

不过桉树并非只有一种，而是桃金娘科桉属所有植物的统称，有超过 800 多个种类和 100 多个变种及亚种。

桉树几乎主宰着整个澳大利亚。澳大利亚的森林覆盖率大约为 20%，但其中 80% 都以桉树为主，达 9200 万公顷。尽管桉树是澳大利亚的象征，但桉树的一些特性也决定了它需要为大火背一部分的锅。例如，高度易燃。

我们从桉树，尤其是蓝桉的一个绰号"汽油树"，就可窥见端倪。桉树浑身上下都含有易挥发的芳香油（桉树油），特别是桉树的叶子，就以其明显的油腺斑点而著称。在天气炎热时，桉树油会在高温下挥发，使整片桉树林都氤氲着这种易燃气体。

另外，当挥发的桉树油与尘埃、水蒸气以及阳光等混合时，还会在空气中产生一种诡异的蓝色调。而这种现象在澳大利亚，特别是新南威尔士州的蓝山就很常见。"蓝山"这名字便是起源于桉树制造的"蓝色雾霾"。

但与其说这是一种蓝色雾霾，不如说这是一颗潜伏的"定时炸弹"。如果刚好遇上高温干燥且多风的天气，一个烟头、一道闪电或一点火星，都能带来一场焮天铄地的森林大火。

此外，桉树本身还提供大量易燃的材料，它们在地面积攒的可燃物也远超其他植物。那厚厚的剥落树皮和残枝落叶，会使火势发展得更加迅猛，犹如火上加油。

再加上那些易挥发的桉树油，就算挖出隔离带，大风依然能让火势迅速蔓延，这让常见的森林防火方式失灵。有时候，被点燃的桉树还可能会发生爆炸。

据全球森林火灾观察资料显示，超过70%的火灾发生在森林景观内，而其中又主要是在不同类型的桉树林地。例如2017年造成66人死亡的葡萄牙森林大火，其中一个重要原因就是大规模种植桉树。

而在遍地都是桉树的澳大利亚，林地火灾几乎已经成了"标配"。

2

那么问题来了，既然桉树如此易燃易爆，为什么它们还能在澳大利亚坐拥如此多的土地呢？

首先，桉树的树干是笔直高大的，相对树干的高度，它们的树冠总是太过稀疏，和"枝繁叶茂"四字不太沾边。当火灾发生时，这高高在上的树冠在一定程度避免了火苗向上攀爬。尽管延伸到地面的剥落树皮，也会将火焰往树叶上引，但这种树冠上的大火往往来得快去得也快，避免了山火的长时间炙烤。

其次，桉树还有厚厚的树皮，其位于树干中心输送养分的导管也藏在木质部深处，不易被伤及。相对于其他植物，桉树在大火过后的存活率更高，受的影响也更小。

而更让人惊讶的是，桉树还会利用大火让自己的种子和嫩芽进入新一轮的萌发。桉树的树皮下有一些处于休眠状态的嫩芽，它的种子也拥有坚硬的外壳。大火的高温正好能唤醒沉睡的休眠嫩芽并让种子外壳爆裂，让它们快速萌发。

再加上大火过后的草木灰滋养着土地，其他植物都被烧死烧伤，率先恢复生机的桉树简直如有神助，抢尽先机。尽管火灾对桉树也有伤害，但火灾过后它们很快就能扭转逆境，快速霸占有利的生态位。

而许多研究也显示，几乎每一次森林大火过后，澳大利亚的桉树占比都会有所提升，直至成为澳大利亚的王者之树。再结合前面的"定时炸弹"来看，桉树就像是在蓄意纵火以将竞争对手赶尽杀绝，充满了进化的智慧。

3

不过，说到桉树的顽强和强势，它们作为一种人工经济林木引起的争议也不少。

从经济上来说，桉树可谓浑身是宝，它们混迹在各类清凉油、精油、漱口水、纸张和花卉园艺中。当然，最重要的还是，桉树能快速地提供大量优质的木材。要知道，桉树是世界上生长最快的树种。在巴西，桉树最高年生长速度能达到 117 立方米 / 公顷。靠着这些优势，桉树早在 18 世纪就迈开了其"殖民"全球的步伐，一跃成为世界上种植最广泛的人工树种，与杨树、松树并称为世界三大速生造林树种。现在从热带到温带的 120 多个国家和地区都能看到它的身影，而它也能在短时间内创造巨大的经济价值。

但近年来，桉树在我国的口碑下滑严重，成了不少人眼里的"妖树"。桉树被认为是"抽水机"——需大量水分，导致地下水位下降和土地沙化；"吸肥器"——对肥料需求很大，导致土壤退化、土地贫瘠；"霸王树"——对其他物种有抑制性，导致其他植物无法存活；"毒树"——释放毒素，危害人体，使孕妇流产等。

不过，这都是陈年老谣言了。关于"抽水机"一说，已有研究显示：每合成 1 公斤生物量，松树需 1000 升水，黄檀、相思树也在 800 升以上，而桉树只需要 510 升。由此可见，说桉树是"抽水机"并不成立。

"吸肥器"说法也类似，国外学者 Liani 早在 1959 年就对 25 年生的桉树林土壤做过研究，发现土壤有机质含量高达 20.33 克 / 平方米，而松树林土壤有机质含量仅为 7.54 克 / 平方米。

至于"霸王树"的说法，也是对植物的"化感作用"的误解。生物界本身就存在相生相克的现象，桉树对一些植物确实具有一定的抑制作用，但这也属于正常的自然规律。

而"毒树"一说更是无稽之谈，目前也没有任何科学证据证明。

不过，在中国的桉树人工林中，土地肥力下降、水土流失和生物多样性衰退等问题是存在的。但其根本原因并不在于桉树这一植物本身，而是错误的种植和管理方式导致的。

所以近年来，我国关于桉树的种植也在不断优化调整。而这场经济与生态环境的博弈，可能还要持续很久。

·摘自《读者》（校园版）2020 年第 9 期·

为什么树叶飘落时总是背面朝上

王海山

世间万物皆学问。世间没有完全相同的两片树叶。每一片树叶都有自己的特点，有鳞片形、披针形、圆形、菱形、扇形或者肾形等不同的形状；颜色也五彩斑斓，树叶的颜色大多是绿色的，还有一部分呈黄色、红色、紫色等。大部分的树木在春天发芽、开花，在秋天结果，等到天气变凉，一片片树叶会从树上飘下来。你有没有发现一个奇怪的现象，那就是这些落到地上的叶子，大多是背面朝上的？也就是说，大部分的叶子是正面着地的。这包含了什么科学道理呢？

仔细观察树叶后你会发现，它正面的细胞排列得很紧密。由于细胞排列整齐，在树叶的生长过程中一般都是它的正面对着阳光，这样就能接收到比它的背面更多的阳光和水分，从而进行光合作用。自然树叶的正面就比背面聚集了更多的叶绿素，在植物学上被称为"栅栏组织"，这样一来，树叶的正面就比背面质量大。

树叶的背面细胞排列相对疏松，在植物学上被称为"海绵组织"。虽然形状大小相同，但根据物理学原因，落地时一般质量大的物体会在下面。所以树叶离开树枝飘落时，一般正面会面朝大地。当然这都是在没有外力影响的情况下的现象，如果加上刮风或下雨的因素，那就不一定了。

·摘自《读者》（校园版）2020 年第 22 期·

"食肉"植物

黄晨星

植物学家发现有些植物也"食肉",它们杀死昆虫来给自己"施肥"。

科研人员经过观察发现,如西红柿这样的植物,它们用茎上有黏性的绒毛来捕杀昆虫,当昆虫腐烂并掉到植物的根部时,植物就开始通过根部来吸收昆虫体内的营养。

植物学家说,西红柿"杀死"昆虫让昆虫给自己"施肥"的这种技能,可以应用于野外贫瘠土壤的养分补充,使其肥沃起来。即使在你自家的小菜园也可以使用这种技术。

植物学家指出,有50%的"食肉"植物就在我们身边。除了西红柿外,还有马铃薯、卷心菜,以及一些观赏植物,如牵牛花等,还有田埂地头的野生荠菜。

·摘自《读者》(校园版)2013年第24期·

聪明的樱桃又红了

高东生

芭蕉展开宽大的叶子，绿了，此时樱桃也红了，甚是好看。其实樱桃不用芭蕉的衬托也挺美的，它自己的叶子也绿得鲜亮。

今天去采摘后，一个同事说，树上有的叶子蜷曲着，好多，好像一只一只的虫子啊，是不是大家都采，它不愿意，想出这个招数来吓唬人啊。我说，应该不是，叶子是用来进行光合作用的，它会尽力舒展开，保持最大的面积来接收阳光，蜷曲，肯定是受灾了。

相反，樱桃成熟之后，希望你去采，喜欢你吃它，几乎所有的果实都这样。

如果这棵樱桃没有人采摘，鸟也不来啄，其他动物也不来吃，那么它的果实熟透之后，便自然地逐渐凋落，滚到树下。有几粒种子可能会在以后的年月里发芽生长，但很难长大。因为它在大樱桃树的树荫中，虽然大树底下好乘凉，但并不利于生长，它见不到多少阳光。

我们常见的苹果、梨子、桃、杏等都是这样。它们的果实不像蒲公英，没有飞翔的伞；也不像苍耳，果实上有刺钩；也不像凤仙花，果实能爆裂，把种子弹出去。它们的招数就是甜、酸甜、蜜甜、香甜，诱惑你，让你吃，吃它们的果实，顺便把种子带走。

但也并不是那么简单，例如颜色。几乎所有的果实在未成熟的时候都是绿的，和叶子的颜色一模一样，这是一种隐身，稍远一点你就分辨不清了。未成熟的果实一般苦、涩、酸，难以入口，人自然不吃，其他动物大多也不喜欢吃。成熟之后则模样大变，或黄或粉或红或紫，在枝头上招摇，希望引起你的注意。当然，味道也甜美了，让你不但想吃，而且，还想吃不了兜着走，那么，它就让你幸福地上当了：你替它传播了种子。这样，如果不是土壤和气候的限制，它们的领地就会慢慢拓展到几乎无边无际。

它们的心机还在于，果实甜美的时候，种子却让你难以下咽，大多外壳坚硬，你即使费力撬开了，味道却苦涩酸辛，甚至有毒，例如杏仁和桃仁中就含氰化物。这是在警告你：吃了甜美的果肉就可以了，不感谢我也不和你计较，别得寸进尺，请你把种子留下。

植物也是经过了漫长的岁月才进化成了当今的模样，它们的智谋我们还不太了解，人类的科技日新月异，也许在它们看来只是花拳绣腿。想想吧，它们没有座机手机，但靠气味就能传递信息，不知比我们的通讯手段先进多少代。人类发明诸如此类的东西，花费了太多的心思，殚精竭虑又冥思苦想，有时要几代人的孜孜不倦前赴后继，例如，为了把水抽到高处，要发明电机、发明发电机、发明水泵等，而一棵树只靠细小的维管束就能轻易做到，要知道，世界上最高的树木超过一百米呢。赞美并崇拜植物吧，它们把一切删繁就简，既科学又艺术，真正达到了至高无上的境界。

红了樱桃，不只是昭示着"流光容易把人抛"，我还从中看到了无与伦比的鲜艳的智慧，有如佛祖在菩提树下开悟。

·摘自《植物的声音》·

尾声：大自然给每个人都写过一封情书

白音格力

大自然给每个人都写过一封情书，有时间一定要去收取。

有的托清风，给你眉间捎来照水娇花；有的托雨露，给你心头寄送好花时节；有的托明月，给你腕间绕上半帘花影；有的托鸟鸣，给你耳边弹响高山流水。

一枝新芽，一个逗号，巧笑倩兮；一朵嫣红，一句诗词，美目盼兮。草木纷披为行，百花开成信笺。你走在其中，有美一人，清扬婉兮。

长堤柳，深巷花，通幽曲径，流水小桥。世上的美，在书间，在画中，也在爱的眼睛里。

看一眼柳丝披风，人便洒脱了几分；闻一阵浮动暗香，人便静谧了几许；走进浅草幽径，人便忘忧了几多；行到清水白石，人便澄净了几世。

　　和你一起读一读花开出的诗，念一念草木写成的信，仿佛时间都不在场。

　　草露在一边睁着纯情的眼睛，鸟儿在树梢上唱着婉转的歌，远处的山头白云悠悠，有清风过耳，花香点唇，那就是山川回响出的全部深情。

　　如果能遇到山中人家，是最美。小园低篱，炊烟袅袅，屋前树满花。你站在篱笆外，看着、愣着，山藏茅屋，心有一隅，似乎每日也曾笔耕为炊，升起诗情画意的烟火。再一想，诗中所说的"翠色和烟老"，原来都这么美。

　　此间，从山中望一眼，顿生与一人老在这里的心愿。

·摘自《读者》（校园版）2016 年第 14 期·